NOUVEAU SPECTACLE

DE LA NATURE

OU

DIEU ET SES ŒUVRES

PAR MM.

VICTOR RENDU ET AMBROISE RENDU FILS

PARIS

PITOIS-LEVRAULT ET Cie

RUE DE LA HARPE, 81

1840

NOUVEAU SPECTACLE

DE LA NATURE

ou

DIEU ET SES OEUVRES

IMPRIMERIE DE H. FOURNIER ET Cᵉ,
RUE DE SEINE, 14.

Nouveau Spectacle
DE LA NATURE

OU

DIEU ET SES OEUVRES

PAR MM.

VICTOR RENDU ET AMBROISE RENDU FILS

> Les œuvres du Seigneur sont grandes.
>
> Ps. 10 vers. 2.

GÉOLOGIE

PARIS

PITOIS-LEVRAULT ET Cie, LIBRAIRES

RUE DE LA HARPE, 81

—

1840

INTRODUCTION.

La géologie ou connaissance du globe terrestre,
par la grandeur et la sublimité des objets dont elle
s'occupe, prend son rang dans l'échelle des sciences,
à côté de l'astronomie, comme l'a déclaré Herschell,
et l'histoire de la structure de notre planète, con-
duira l'humanité aux mêmes grands résultats mo-
raux qu'elle a obtenus de l'étude des mécanismes
célestes. On peut déjà s'appuyer sur elle, pour démontrer les plus glorieux et les plus sublimes attri-
buts du Créateur.

Si l'étude des corps célestes et de leurs mouvements a donné naissance à la plus ancienne des
sciences physiques, comme on le verra dans le volume de l'astronomie, c'est que le spectacle du
ciel, par sa belle ordonnance, est le plus profita-
ble à l'homme. La Providence, en y semant la
lumière, a voulu, sans doute, rendre sa contem-
plation plus facile et plus attrayante. Effectivement
la vue du ciel n'éveille en nous que des idées d'ordre et de beauté; rien n'y peut détourner un
esprit juste et droit du sentiment doux et consolant
qu'il inspire.

La terre, objet de notre étude, ne nous présente, au contraire, que trop souvent des traces
de la lutte et du désordre. C'est là que l'homme
a péché, et nous pouvons y lire, à chaque pas,

1.

sur son enveloppe minérale ébranlée et déchirée, des signes non équivoques de la colère. Toutefois, l'inépuisable miséricorde ne cesse pas un seul instant de réparer le désastre, et de faire germer la vie sur les débris de la mort.

Nous ne pouvons douter que la terre n'ait une fin subordonnée à celle de l'humanité; et surtout si nous nous rappelons le commandement précis que Dieu a fait à l'homme, de cultiver cette terre d'où il est sorti, nous comprendrons sans peine que nous n'avons aucun droit de négliger l'action de l'homme, dans l'accomplissement des destinées de la terre. La différence que nous pouvons observer entre les fruits sauvages que la terre porte naturellement, et ceux que nous lui faisons produire par notre culture, indique assez qu'elle n'attend que le secours de l'homme, pour faire éclore de son sein de nouvelles productions, dont la variété étonnerait notre imagination, si nous pouvions nous en faire une idée.

Notre devoir et notre intérêt nous portent donc à étudier la structure du globe que nous habitons, les révolutions qu'il a subies et les phénomènes qui s'y manifestent, en le modifiant chaque jour. Quelle source de jouissances! combien de connaissances variées on peut acquérir dans cette étude! en effet, si nous jetons un coup d'œil sur la distribution générale des solides et des fluides à la surface du globe, sur la disposition des continents et des îles, sur la profondeur et l'étendue des mers, des lacs et des rivières, l'élévation des montagnes et des collines, le développement des plaines, sur les vallées, leurs inclinaisons et leurs déchirements, nous voyons que tout cet ordre de faits nous conduit à des causes dont l'investigation appartient essentiellement à l'étude de la terre. Quelle abondance de matériaux se présente à nous ! Roches granitiques et cristallines, montagnes d'ardoises, bancs de grès, de schistes et de pierre à chaux ; des lits de conglomérats, des bancs de marne et d'argile, du gravier, du sable et de la vase. Quant aux productions minérales de ces diverses formations, elles ne varient pas moins : dans les plus anciennes, se rencontrent des veines d'or et d'argent, de l'étain, du cuivre, du plomb et du zinc ; dans une autre série, des lits de houille ; ailleurs, du sel et du gypse : beaucoup sont composées d'un grès dont l'architecte s'empare ; d'autres, d'un calcaire propre aux constructions ou à la fabrication des ciments ; d'autres encore de cette argile dont sont faites les briques et les poteries ; enfin, presque partout la nature a prodigué le fer, de tous les minéraux le plus important.

Quelle étude est plus digne de l'homme que celle qui nous fait suivre le passage des diverses substances minérales qui constituent le globe terrestre, à travers les changements et les révolutions dont les différentes couches de la surface ont été le théâtre ! Nous découvrons dans la superposition de ces couches, un ordre régulier qui se répète dans les localités les plus éloignées, et correspond à l'ordre d'après lequel se succèdent les nombreuses espèces animales et végétales, maintenant éteintes, qui s'étaient successivement développées durant le cours de ces diverses formations minérales. Partout, l'ordre et les lois qui se révèlent dans l'arran-

gement des éléments inorganiques prennent le plus
haut degré d'évidence par l'examen des restes organiques que nous rencontrons disséminés dans toutes
ces couches ; car on démontre facilement que chacune de ces espèces animales ou végétales, objet
d'un plan et d'une prévoyance à part, a été mise
en harmonie parfaite avec les conditions diverses
de la vie terrestre ou aquatique pour laquelle elle
avait été faite. Enfin, il est maintenant impossible
de ne pas voir que les arrangements primitifs des
éléments inorganiques ont été faits en vue de leur
emploi dans la composition des corps organisés,
animaux et végétaux, actuellement existants, et
surtout en vue de leur utilité pour l'espèce humaine.

La géologie comprend donc l'histoire physique
tout entière de notre planète ; non seulement elle
offre une immense et inépuisable carrière aux mé-
ditations du savant ; mais elle présente aussi un
attrait bien puissant à ce désir si naturel à tous les
hommes, de se rendre compte des admirables phénomènes que nous observons. En remontant des
effets aux causes, de l'harmonie des lois qui
frappent à chaque pas, nous nous élevons sans
peine jusqu'au législateur. Certes, cette science
doit nous rendre bien reconnaissans envers la Providence, quand nous pensons qu'il y a un demi-
siècle, elle portait à peine un nom. Les diverses
sciences qui devaient lui prêter leur appui ont pris
leur essor, et à une époque où la foi luit bien fai-
blement sur le monde, la bonté divine semble
nous avoir ménagé des témoignages nouveaux, pour
nous, à l'aide desquels se reconstruit l'histoire des
travaux du tout puissant auteur de l'univers, his-

toire aussi grande par l'élévation des sujets qu'elle embrasse, que par la haute antiquité à laquelle elle remonte, et que Dieu lui-même a tracée de son doigt dans les fondements des montagnes éternelles.

La géologie a partagé le sort qu'ont éprouvé presque toutes les sciences à leur début. Elle a été présentée comme en hostilité avec la religion ; ses premières découvertes mal comprises, touchant les longues périodes qui ont précédé l'établissement de l'homme sur la terre, semblaient contredire le récit de Moïse sur la création. Mais aujourd'hui, les connaissances géologiques sont mieux comprises, et d'ailleurs l'on reconnaît bien que Dieu n'a pas voulu, par l'entremise de Moïse, nous donner une encyclopédie des sciences dans le livre à jamais vénéré, dont l'unique but est de fixer nos convictions religieuses et de nous donner des règles de conduite ; on peut ensuite facilement établir, et cela suffit, que l'histoire de la création, telle qu'elle est contenue dans le narré concis que nous a fait Moïse, se trouve d'accord avec l'ensemble des phénomènes naturels dont nous ferons plus loin l'objet de notre étude.

Il sera tout à fait dans les vues qui nous ont portés à entreprendre cet ouvrage, de présenter ici une sorte de parallèle entre le récit de Moïse et les connaissances actuelles sur la structure du globe, structure entièrement inconnue aux hommes, non seulement dans le temps où le livre divin leur fut donné, mais même il y a un demi-siècle (1). Ouvrons donc la Genèse :

(1) Nous empruntons textuellement ce parallèle au traduc-

« *Au commencement* » terme indéfini « *Dieu créa le ciel et la terre* » c'est-à-dire, que tout ce qui compose l'univers matériel fut créé par Dieu à une époque inassignée. Depuis cette époque, il a pu donner milles formes diverses et mille destinations passagères à cette substance matérielle; et après un certain nombre de révolutions dont l'écorce de notre globe porte la puissante empreinte, il a pris la terre dans son dernier chaos, *terra autem erat tohu bohu*, et il l'a organisée pour l'homme, en détail, voulant bien y employer un intervalle de six jours. Tout le premier chapitre de la Genèse n'est que l'histoire de cette organisation dernière, la seule qu'il importât vraiment à l'homme de connaître, avec l'organisation contemporaine des corps célestes exprimée seulement par quelques mots (1).

Le premier verset renferme donc explicitement, et seulement, la création de l'univers tout entier, et notre planète y est l'objet d'une désignation spéciale, parce qu'elle est la scène où vont se passer tous les événements de l'histoire des six jours.

La géologie, loin de contredire la création du monde par Dieu, établit sur des preuves physiques que la surface du globe n'a pas existé de toute éternité dans les conditions qu'elle présente de

teur de Buckland. Dans le cours de ce petit traité, il nous arrivera fréquemment de faire de pareils emprunts, soit au même auteur, soit à D'Omalius et autres géologues distingués.

(1) Bossuet, dans ses *Élévations*, ch. 5, et avant lui, saint Augustin, 12e livre des *Confessions*, ont exprimé formellement l'idée fondamentale de la création de la masse originelle, avant les détails de formation.

nos jours, mais qu'elle y est arrivée par une série de créations distinctes qui se sont succédé durant des périodes consécutives d'une étendue considérable, parfaitement limitées entre elles ; que toutes les combinaisons actuelles de la matière avaient été précédées d'autres combinaisons, et que ses derniers atomes, dans toutes les transformations qu'ils ont subies, ont été régis par des lois tout aussi invariables et tout aussi régulières que celles qui tracent aux planètes leur route dans l'espace.

Le second verset décrirait donc l'état du globe au soir du premier jour (car Moïse ayant divisé le temps d'après la méthode judaïque, chaque jour se compte du commencement de la soirée au commencement de la soirée suivante) ; et ce premier soir peut être considéré comme la fin de cet espace de temps indéfini qui suivit la création première annoncée par le premier verset, et le commencement des six jours.

Suivant le texte sacré, la terre et les eaux existaient déjà, mais enveloppées dans les ténèbres. C'était un état de confusion et de vide, *tohu bohu* ou *chaos* ; — les géologues le considèrent comme indiquant le naufrage et la ruine d'un monde antérieur. Ce fut à ce moment que se terminèrent les périodes indéfinies qui font en grande partie l'objet de la géologie.

« *Dieu dit : Que la lumière soit.* » La question de savoir si la lumière avait déjà existé quelque part dans les œuvres de Dieu, ou même sur cette terre, avant les ténèbres décrites au verset 2, est tout aussi étrangère au but du narrateur sacré que celle des races, soit animales, soit végétales, anté-

rieures à la présence de l'homme dans le monde.
— On peut interpréter de la même manière ce
qui est dit au quatorzième verset et aux suivants des
luminaires célestes. Nulle part, il n'est dit que la
substance du soleil et de la lune ait été appelée à
exister pour la première fois le quatrième jour ;
le texte peut signifier que ces corps célestes furent,
à cette époque, spécialement adaptés à certaines
fonctions d'une grande importance pour l'espèce
humaine : « *A verser la lumière sur le globe, à
régner sur le jour et sur la nuit.* » — « *A fixer
les mois et les saisons, les années et les jours.* »
Quant au fait même de leur création, il avait été
annoncé d'avance, dès le premier verset. La Genèse
mentionne aussi les astres, mais en trois mots.

Cette mention si brève, accordée en passant à
toute la phalange innombrable des corps célestes,
dont chacun, selon toute probabilité, est un soleil
à part et le centre d'un système planétaire, tandis
que la lune, notre petit satellite, est citée comme
approchant du soleil par son importance, nous
montre clairement qu'il n'est accordé d'autre intérêt aux phénomènes astronomiques que celui qui
résulte de leurs rapports avec le globe, et surtout
avec l'espèce humaine, et nullement de leur importance réelle dans l'immensité de l'univers. Le
même principe paraît dominer la description
de la création, quant à ce qui concerne notre
planète ; la formation des matériaux qui la composent une fois annoncée dans le premier verset, les phénomènes de la géologie comme ceux de
l'astronomie ont été passés sous silence, et la nar-
ration arrive sans intermédiaire aux détails de la

création actuelle, dont les rapports avec l'homme sont plus immédiats.

Si nous supposons donc que la terre et les corps célestes aient été créés à cette époque dont la distance reste indéterminée, et que l'Écriture désigne par le mot *commencement*, et que les ténèbres qui couvraient le soir du premier jour n'étaient que des ténèbres temporaires produites par l'accumulation de vapeurs denses « *sur la face de l'abîme*, » on peut concevoir comment un commencement de dispersion de ces vapeurs rendit la lumière à la surface de la terre, le premier jour, sans que pour cela les causes qui produisaient cette lumière cessassent d'être obscurcies, et comment la purification complète de l'atmosphère, au quatrième jour, fut cause que le soleil, la lune et les astres apparurent dans la voûte des cieux, et se trouvèrent dans de nouvelles relations avec la terre nouvellement modifiée, et avec l'espèce humaine.

La lumière existait durant toutes ces périodes longues et distantes entre elles, où se succédèrent toutes les formes animales qui se sont manifestées sur la surface primitive du globe, et que nous retrouvons maintenant à l'état fossile. Nous en avons la preuve dans l'existence d'yeux chez les animaux pétrifiés appartenant à des formations géologiques de divers âges. Ainsi les yeux des trilobites fossiles propres aux terrains de transition sont, par leur organisation, tout à fait analogues à ceux des crustacés actuellement existants, et les yeux des ichthyosaures du lias renferment un appareil tellement semblable à celui qu'on trouve dans les yeux de plusieurs oiseaux, qu'il est impossible de douter que ces yeux fossiles ne fussent des appareils optiques calculés pour recevoir de la même manière, les impressions de la même lumière que transmet encore la perception de la vue aux animaux existants aujourd'hui. Cette conclusion est encore confirmée par ce fait général, que toutes les têtes fossiles de poissons ou de reptiles, quelle que soit la formation géologique où on les rencontre, offrent des cavités orbitaires pour que des yeux aient pu y être logés, avec des trous pour le passage des nerfs optiques, bien qu'il soit rare de rencontrer dans ces cavités quelques restes de l'œil lui-même. De plus, la présence de la lumière est tellement indispensable à l'accroissement de la végétation actuelle, que l'on a droit de la regarder comme une condition non moins essentielle du développement de ces nombreuses espèces végétales fossiles qui accompagnent les débris des animaux, dans toutes les couches de toutes les formations.

D'après une opinion, à laquelle de récentes découvertes ont ajouté un grand poids, la lumière n'est pas une substance matérielle. mais seulement un effet des ondulations de l'éther, substance infiniment subtile et élastique qui remplit l'espace tout entier, et même l'intérieur de tous les corps. Tant que l'éther demeure en repos, il y a obscurité complète ; si, au contraire, il est placé dans un certain état de vibration, la sensation de la lumière existe ; de plus, ces vibrations peuvent être produites par diverses causes, telles que le soleil, les astres, l'électricité, la combustion, etc. Si donc la lumière n'est pas une substance particulière, mais une série de vibrations de l'éther, c'est-à-dire un effet produit sur un fluide subtil par l'action d'une ou de plusieurs causes extérieures , il ne serait pas exact de dire, et la Genèse ne dit pas, dans le verset 5 du chapitre 1, que la lumière fut *créée*, bien qu'on puisse dire littéralement qu'elle fut mise en action.

Enfin , lorsque le quatrième commandement rappelle les six jours de la création (Exode, XXII), on y retrouve le mot *asah* « *faire* », le même qui se trouve aux versets 7 et 16 du premier chapitre de la Genèse , et qui est d'une signification moins forte et moins étendue que le mot *bara , créer*, et comme il n'entraîne pas nécessairement la *création de rien*, il peut être ici employé à désigner un nouvel arrangement de matériaux qui existaient déjà.

Au reste , ce n'est nullement le récit de Moïse dont nous mettons en question l'exactitude , mais seulement la manière dont il doit être interprété ; il faut surtout avoir présent à l'esprit que l'objet de ce récit n'est aucunement d'établir de *quelle manière* , mais bien *par qui* le monde fut créé. Comme il y avait grande tendance de l'esprit humain, dans ces premiers âges du monde, à adorer les objets les plus magnifiques de la nature , et en particulier le soleil, la lune et les étoiles, nous devons croire que Moïse, en racontant la création, eut pour but principal de préserver les Israélites du polythéisme et de l'idolâtrie des nations qui les entouraient, en proclamant que tous ces corps célestes, si pleins de splendeur , n'étaient pas eux-mêmes des dieux, mais seulement l'ouvrage d'un créateur unique et tout-puissant , auquel seul devait s'adresser l'adoration des hommes. »

PLAN ET DIVISION DE L'OUVRAGE.

La géologie devrait, en quelque sorte, embrasser toutes les connaissances relatives au globe terrestre, mais l'étude de notre planète se partage en plusieurs branches.

Sous le nom de géographie, on comprend la description de la terre considérée surtout sous le rapport de ses divisions politiques, et comme habitation de l'homme; nous n'aurons point à nous occuper de cette partie.

La géognosie est la connaissance de la structure du globe.

La géogénie expose les hypothèses qui ont été présentées sur les divers modes de formation par lesquels la terre a dû passer depuis son origine, et d'où découlent encore la plupart des phénomènes actuels.

La géotechnie traite des richesses que renferme le sein de la terre, sous le rapport des arts.

Nous nous occuperons uniquement, dans ce petit volume, de la structure de notre planète, disant, comme en passant, lorsque l'occasion s'en présentera, ce que l'on sait de l'histoire des révolutions qu'elle a subies, depuis qu'il a plu à Dieu de la lancer dans l'espace, et faisant connaître les ressources que l'industrie peut tirer de l'étude et de la culture de la terre.

Pour rendre notre marche plus facile à suivre,

nous avons distribué les matières de telle sorte que, partant de notions simples et connues, nous arrivons, par degrés, à la connaissance des combinaisons les plus variées que présente la constitution de notre sphère.

Nous avons dû commencer par dire quelques mots relativement à la terre en général, à l'atmosphère qui l'enveloppe, et à l'eau qui couvre en grande partie sa surface.

Vient ensuite la partie minéralogique où, après avoir donné des notions bien succinctes de chimie élémentaire, qui nous ont paru nécessaires, nous faisons connaître les éléments minéraux, puis les substances formées de leurs combinaisons, et les roches composées de ces mêmes substances.

Une autre partie présentera la description des divers terrains qui constituent l'écorce solide du globe, avec l'énumération des richesses que l'on trouve dans chacun de ces terrains, et des fossiles, soit végétaux, soit animaux, qui les caractérisent presque toujours.

Enfin, l'on trouvera quelques détails sur plusieurs des phénomènes si merveilleux dont la bonté du Créateur nous rend chaque jour les témoins.

DE LA TERRE EN GÉNÉRAL.

La terre a la forme d'une boule, ou sphéroïde, un peu aplatie vers les pôles, et renflée à l'équateur. Elle a donc deux diamètres différents ; mais nos cartes ne pouvant présenter cette différence d'une manière appréciable, puisqu'elle n'est que de $\frac{1}{305}$, on assigne à la terre un seul diamètre d'environ 3,000 lieues. Sa surface présente des parties solides et des parties liquides. Les premières sont désignées par le nom de terres, et les secondes par celui d'eaux. Les unes et les autres se divisent en diverses portions, qui reçoivent des noms particuliers d'après leur étendue, leurs formes ou leurs positions relatives.

La terre et l'eau sont les deux principaux éléments de notre globe, et, avec l'air qui les enveloppe tous deux, ces éléments forment, par leur disposition concentrique, comme trois couches qui pressent, dans l'ordre de leur pesanteur spécifique, le centre du globe que nous habitons.

Nous remarquons sur la terre des inégalités qui nous paraissent gigantesques, soit que nous considérions les longues chaînes de montagnes, soit que nous nous arrêtions aux dépressions des vallées et aux profondeurs de la mer. Mais le sommet des plus hautes montagnes ne s'élève pas à deux lieues, c'est-à-dire 8,000 mètres au-dessus du niveau de la mer ; et il y a des raisons de croire que les enfoncements les plus profonds de la mer ne vont guère à plus d'une lieue au-dessous de ce même niveau. Les aspérités du sol terrestre sont, pour ainsi dire, nulles, comparativement à la masse du globe ; elles sont proportionnellement beaucoup moins grandes que celles qui se voient sur l'écorce de l'orange la plus fine ; et, si on voulait les représenter sur une boule de trois pieds de diamètre, les plus hautes montagnes seraient encore si petites qu'il faudrait presque un microscope pour les apercevoir. Du reste, la surface de la terre est loin d'avoir toujours eu la configuration que nous lui connaissons aujourd'hui ; elle a été bouleversée maintes fois, et il y a même lieu de croire que, primitivement, le globe entier était une masse liquide fondue par la chaleur, et qui, en se refroidissant, s'est solidifiée peu à peu.

L'homme n'a pu examiner la nature des substances qui constituent notre globe, qu'à des profondeurs très petites, même en descendant dans les mines creusées pour l'extraction des richesses qu'elle renferme ; car les plus profondes de ces excavations n'ont guère plus de quatre mille mètres ; mais, par des calculs dont il nous serait impossible de donner ici une idée, on a trouvé que la partie centrale de la terre ne doit être occupée ni par de l'eau, ni par des vapeurs, mais par des matières aussi pesantes que nos métaux les plus lourds, et si chaudes qu'elles sont probablement dans un état de fusion constant.

Un grand nombre de faits tendent à prouver que la terre a une chaleur propre, indépendante de celle qu'elle reçoit du soleil, et qui est un reste de sa chaleur originelle. En effet, sa température s'élève d'autant plus qu'on descend à des profondeurs plus considérables ; il y a des mines si chaudes que les ouvriers ne peuvent y travailler que nus, et, toutes les fois que l'eau d'une source vient d'une grande profondeur, sa température est très élevée. On a même pu mesurer cet accroissement de température, et s'assurer que la chaleur de la terre augmente d'environ un degré par trente mètres. Ainsi, dans les caves très profondes, où l'influence des saisons ne se fait plus sentir, et où la température est toujours la même, le thermomètre marque, à Paris, environ 11 degrés centigrades, et, à une profondeur de soixante mètres au-dessous de ces caves, la chaleur est d'environ treize degrés ; à une lieue en terre, elle doit être bien au-dessus de la température de l'eau bouillante, et, à une profondeur de deux lieues, elle doit être suffisante pour fondre l'étain.

Il paraît démontré, disons-nous, que le globe était autrefois dans un état d'incandescence, et qu'il s'est refroidi peu à peu ; mais il ne faut pas en conclure que ce refroidissement continue encore de nos jours : il est arrivé à peu près à son terme. Depuis les temps historiques, la température du globe n'a pas sensiblement changé, et, par de savants calculs, on a pu prouver que la chaleur que la surface de la terre reçoit du soleil pendant une année, équivaut à peu près à celle qu'elle perd dans le même espace de temps. La chaleur de l'intérieur de la terre n'exerce plus, sur la température de sa surface, qu'une influence insensible, et pour que cette influence, presque nulle, fût diminuée de moitié, il faudrait qu'il s'écoulât plus de trente mille années.

DE L'ATMOSPHÈRE.

L'atmosphère constitue autour du globe une enveloppe qui joue un grand rôle dans les phénomènes géologiques. Elle est formée d'air, composé d'azote et d'oxigène, puis de quelques minimes parties d'acide carbonique, et d'une quantité très variable de vapeurs aqueuses.

D'après la connaissance que l'on avait du poids de l'air et de sa densité toujours décroissante à mesure qu'on s'élève, on a évalué la hauteur totale de l'atmosphère à environ seize lieues.

Beaucoup de faits astronomiques concordent en effet pour démontrer que le décroissement de l'air atmosphérique n'a pas lieu jusqu'à l'infini, ainsi qu'on pourrait le supposer, et qu'au-delà d'une certaine limite, on ne trouve plus que le vide. Il en résulte nécessairement que l'atmosphère, quelque élevée qu'on la suppose, présente une surface nettement terminée et unie comme celle de la mer.

Le fait est d'une grande importance; on en doit conclure que la masse d'eau qui se trouve maintenant à la surface du globe a toujours été à peu près la même depuis qu'elle se trouve dans les circonstances astronomiques actuelles. En effet, puisque l'atmosphère présente une surface finie, on ne peut supposer aucune déperdition d'eau par voie d'évaporation, et la quantité qu'on peut admettre comme dénaturée par des réactions chimiques, ou engagée dans les cavités de l'écorce superficielle, est tellement faible, comparativement à la masse totale, qu'on est libre d'en faire abstraction.

Outre les vapeurs aqueuses qui se meuvent sous forme de nuages, et dont la condensation et la précipitation plus ou moins rapide, à l'état de pluie, démontrent la grande proportion, l'air atmosphérique, même dans les climats les plus secs, en contient toujours que l'œil ne peut discerner. Cette quantité de vapeurs aqueuses augmente en raison de la température. Ainsi, leur proportion en volume dépasse souvent 5/100 dans les régions équatoriales ; dans nos contrées, elle varie de 14 à 16 millièmes, en été, et de 5 à 7 en hiver.

On verra, dans le *Traité de Physique*, les influences auxquelles est soumise l'atmosphère et qui y déterminent des courants plus ou moins actifs et plus ou moins prolongés ; d'où résultent les vents périodiques. Nous renvoyons aussi à ce traité pour tout ce qu'il y a à observer dans ces phénomènes qui ont eu une si grande influence sur la configuration actuelle de la surface minérale du globe.

DE L'EAU.

La plus grande partie de la surface de notre globe est occupée par l'élément liquide, et cet amas immense se nomme *mer*. L'action du calorique sur la mer transforme en vapeurs une quantité que l'on peut évaluer, en moyenne, à une tranche d'un mètre d'épaisseur. Ces vapeurs se condensent autour des montagnes, et donnent naissance à des sources dont les eaux, se réunissant, forment un cours qui bientôt devient une rivière ou un fleuve. La quantité moyenne de vapeur d'eau tenue en suspension dans l'atmosphère peut être considérée comme constante, et la quantité d'eau qui tombe sous forme de pluie, ou qui se condense invisiblement, est égale à la masse évaporée. C'est là un des phénomènes les plus remarquables, que le mouvement de cette puissante masse d'eau. Nous ne pouvons attribuer qu'à la sage providence du Créateur la juste mesure de la superficie de l'immense bassin des mers, qui produit la quantité de vapeurs nécessaire pour que la terre soit suffisamment arrosée.

Dans les mers, qui représentent la presque totalité de sa masse, l'eau n'est point à l'état pur. Elle contient, en dissolution, divers sels dont celui qui est à notre usage, forme la plus grande partie. L'affluence continuelle d'eau douce dans ce vaste réceptacle, n'en diminue pas sensiblement la salure, qui est à peu près la même partout. Le principe de cette salure est un problème qui a donné lieu à bien des opinions, dont aucune n'est satisfaisante. La plus simple est d'admettre que l'Océan a reçu sa salure dès l'origine des choses ; comme elle contribue à maintenir l'incorruptibilité de l'Océan, elle est le produit d'une cause finale qui a dû obtenir son effet dès le commencement.

On peut établir que les mers présentent un ni-

veau horizontal, malgré quelques irrégularités in-
appréciables à l'œil, et même aux instruments les
mieux perfectionnés. Les molécules aqueuses s'accumulent autour des masses saillantes qui se trouvent sur le bord ou au sein des mers, en vertu des
lois d'attraction : ainsi les eaux sont nécessairement
attirées par l'influence attractive des chaînes de
montagnes affleurant au-dessus d'elles, ou même
sous-marines, de sorte que leur niveau sera plus
élevé autour de ces chaînes que dans les mers très
profondes. L'horizontalité de la mer est encore alté-
rée par l'action attractive du soleil et de la lune,
action qui forme le flux et reflux, l'un des phénomènes les plus frappants que nous offre la mer. (On
trouvera tout ce qui regarde les marées dans le volume de l'*Astronomie*).

On voit certaines parties de la mer se mouvoir
d'une manière presque constante, dans un sens dé-
terminé, tandis que d'autres contiguës sont en repos, ou suivent une direction quelquefois opposée.
Ces mouvements, qui ressemblent à des fleuves qui
coulent avec plus ou moins de vitesse, au sein des
mers, s'appellent *courants*.

Un grand nombre de ces courants qui agitent la
masse des eaux, résultent des oscillations de la ma-
rée et de la configuration du sol. De toutes parts,
dans la mer, il y a des courants particuliers produits par ces causes ; mais il y en a de généraux
que l'on doit attribuer à l'influence des vents périodiques qui se prolongent d'une manière certaine,
tels que les vents alisés, etc.

Un de ces courants généraux, *le courant équa-
torial*, règne dans la zône torride, depuis les Indes

jusqu'au Mexique : on pense que sa largeur va jusqu'à 400 lieues , à la hauteur de Sainte-Hélène , et sa vitesse , qui est de 2,000 mètres par heure , au cap de Bonne-Espérance , va jusqu'à 6,000 sous la ligne. Dans l'Océan Atlantique , sa direction est généralement de l'est à l'ouest, et paraît coïncider avec celle des vents alisés.

Les *courants polaires*, qui ont lieu des pôles vers les mers équatoriales, sont aussi au nombre des courants généraux. Ils paraissent dus à ce que l'évaporation étant plus forte sous la zône torride que sous les zônes glaciales et tempérées, il doit y avoir un mouvement constant des eaux des pôles vers l'équateur pour réparer les effets de cette perte. Rien n'est plus compliqué que la marche des courants. Ils sont quelquefois bordés de *contre-courants* ou *remous*, c'est-à-dire de courants qui marchent dans un sens opposé. On prétend même qu'à une certaine profondeur, il existe en beaucoup d'endroits des sous-courants qui sont en sens inverse. Lorsque les courants reviennent sur eux-mêmes en tournoyant, ils portent le nom de *tournants d'eau* ; ce phénomène est très dangereux pour les vaisseaux qui se laisseraient attirer dans cette espèce de tourbillon.

Le courant du canal de Constantinople paraît provenir de ce que les fleuves qui se jettent dans la mer Noire, y amenant plus d'eau que l'évaporation n'en enlève , cette mer doit verser son trop plein dans la Méditerranée.

On trouve que l'inverse a lieu pour cette dernière , qui perdrait par l'évaporation plus d'eau qu'elle n'en reçoit ; car il existe , dans le détroit de Gibraltar, un courant qui y porte continuellement les eaux de l'Océan. L'art de la navigation est fondé, en grande partie, sur la connaissance des courants.

Les mers sont habitées par des animaux très variés ; mais cette population n'existe guère que vers les côtes, et à une profondeur peu considérable. En effet, la nourriture de ces animaux nécessite l'existence de la végétation ; or, cette végétation doit être nulle à une grande profondeur ; plusieurs autres causes, en particulier la nécessité de la lumière pour la vie organique, forcent les animaux aquatiques à vivre peu avant dans la mer.

Nous avons déjà dit que la profondeur de la mer, si souvent exagérée, va tout au plus à trois ou quatre mille mètres. Ainsi, dans la Manche, nulle part elle n'excède cent mètres, de telle sorte que la cathédrale de Strasbourg ferait partout saillie au-dessus du niveau. Le fond de la mer est généralement formé par des plaines alluviales d'une très faible inclinaison.

MINÉRALOGIE.

La Minéralogie est la science qui traite des minéraux ou corps inorganiques, c'est-à-dire bruts, formés naturellement dans le sein de la terre, croissant par juxtaposition, que l'on rencontre à la surface ou dans l'intérieur du globe, et qui en forment la masse.

Avant d'aborder l'étude de ces substances, il est fort important de bien savoir ce que l'on entend par les mots : *élément, acide, oxide, affinité, attraction, cohésion*.......

On entend par *élément* une substance simple, c'est-à-dire un corps qu'on n'a pas encore pu jusqu'à ce jour décomposer en plusieurs substances d'autres natures. Dans l'état actuel de la science, on compte cinquante-quatre éléments, ou corps simples.......

Les *acides* sont des substances qui, en se combinant avec l'oxigène, prennent une saveur aigre, acide, et la propriété de *rougir* certaines couleurs végétales qui étaient bleues, comme celle du *tournesol*. Ces corps sont très avides de se combiner avec les oxides et les alcalis et autres corps, pour former des composés qu'on nomme *sels*.

Les oxides sont des substances simples, combinées avec l'oxigène, mais dont les propriétés sont bien différentes de celles des acides ; car loin de rougir les couleurs végétales, les oxides les *verdissent*, et *ramènent au bleu* les couleurs rougies par les acides, etc.

Pour être compris, en parlant de l'affinité, de l'attraction et de la cohésion, nous ferons remarquer que tout corps est divisible en parties d'une extrême ténuité, appelées *molécules* ou *atomes*, soit composées d'*éléments semblables*, et alors le corps est *simple* ou *élément ;* soit composées de *substances de natures différentes*, et alors ce corps se nomme *corps composé*.

Dans le premier cas, les particules ou molécules qui composent un corps à l'état d'élément, se nomment *molécules intégrantes*, c'est-à-dire composées d'atomes de substances de même nature.

Dans le second cas, les particules ou molécules qui composent le corps étant de nature différente, se nomment *molécules constituantes*, c'est-à-dire composées de molécules de substances différentes.

Ceci posé, par *attraction moléculaire* on désigne une loi physique, en vertu de laquelle les corps ou les molécules des corps tendent irrésistiblement à se réunir. Il faut alors distinguer :

1° Si les molécules sont de même nature ou intégrantes, et alors l'attraction se fait par *cohésion*.

2° Si les molécules sont de nature différente ou constituantes, et alors l'attraction se fait par *affinité*.

En résumé, un corps est simple ou composé ; s'il est *simple*, il est formé de molécules de même nature, ou intégrantes et réunies par cohésion ; par exemple, *le diamant*, qui est du carbone pur ;

s'il est *composé*, il est formé de molécules de différente nature ou constituantes, et réunies par affinité.

DES ÉLÉMENTS PRIMITIFS.

Après ces notions préliminaires, étudions les éléments dont la réunion et les combinaisons forment les substances qui sont les principes constituants des roches.

On entend par *roches* les minéraux ou associations de minéraux qui se rencontrent en masses assez considérables pour qu'on puisse les regarder comme principes constituants du globe, quels que soient leur dureté, leur nature, l'état dans lequel on les trouve. Le nom de *Minéral* est réservé pour les matières qui ne sont qu'en petite quantité, et qui n'influent pas sur la nature ou sur les formes extérieures du sol.

Ainsi, le sable, qui constitue de grands dépôts, l'argile, l'eau des mers et des lacs, l'air atmosphérique, peuvent être des roches, dans le sens géologique, comme le calcaire et le granite.

Il ne faut confondre le mot minéral ni avec *minerai*, qui signifie un minéral métallifère, ni avec *métal*, qui indique une de ces matières ordinairement pesantes ou brillantes, dont l'usage est précieux et parfaitement connu.

L'analyse des roches a démontré qu'elles sont en général le résultat de la combinaison des corps simples ou éléments, parmi lesquels nous remar-

querons principalement : le *gaz oxigène*, l'*aluminium*, le *calcium*, le *chrôme*, le *magnésium*,
le *potassium*, le *silicium*. Trois acides ou corps
composés s'y rencontrent : l'*acide silicique*, l'*a-
cide carbonique* et l'*acide sulfurique*.

1° OXIGÈNE. — L'oxigène est un gaz ou fluide
aériforme, incolore, inodore et sans saveur. Il entre
comme partie constituante dans la composition de
l'air atmosphérique et de la plupart des composés
inorganiques. Il fut découvert, en 1774, par
Scheele et Priestley, et de cette époque date le
perfectionnement de la chimie.

Le nom de ce gaz vient de la propriété qu'il a
de produire les acides et les oxides. Il se combine
avec la plupart des substances, et sa combinaison
est ordinairement accompagnée du phénomène du
feu, c'est-à-dire du dégagement de la chaleur.
La *flamme*, qui souvent accompagne le dégagement du calorique, est une matière gazeuse,
chauffée au point de devenir lumineuse.

Par *combustion*, on entend la combinaison de
l'oxigène avec certains corps, qui alors sont dits
oxigénés ou *brûlés*.

En résumé, l'oxigène fait partie de l'air, de l'eau,
et entre dans la composition des animaux, des
plantes, et de la plupart des minéraux. Il entretient la vie, fait brûler les corps combustibles,
altère et rouille les métaux.

2° ALUMINIUM. — Le nom vient du mot *alumen*,
alun.

Cet élément a été obtenu, en 1827, par le chimiste Wochler, qui est parvenu à l'isoler ou l'ex-
traire de l'alumine.

L'aluminium forme une poudre grise qui ressemble beaucoup à celle du platine. Les paillettes qui en sont formées ont le brillant métallique et la blancheur de l'étain. L'aluminium brûle dans le gaz oxigène avec une flamme si éclatante, que l'œil peut à peine la supporter. Il ne s'oxide point dans l'eau tant qu'elle est froide ; combiné avec l'oxigène, il forme un oxide auquel on donne le nom d'alumine.

L'alumine est une des substances les plus abondamment répandues dans la nature. On la trouve quelquefois cristallisée, à l'état de pureté ; alors on la nomme *Corindon*. Lorsqu'elle est transparente, elle constitue le *Rubis* et le *Saphir*. Elle entre dans la composition du Feldspath, du Mica ; mêlée de silice, elle forme les argiles ; avec l'acide sulfurique et la potasse, on en obtient *l'alun*.

L'alun, ou sulfate d'alumine alcaline, est une substance ou sel que l'on trouve à l'état naturel. L'alumine pure, ou sous-sulfatée, est blanche, douce, onctueuse au toucher, insipide ; elle happe à la langue et fait pâte avec l'eau.

Les combinaisons de l'alumine avec l'acide silicique forment la base de la porcelaine, de la faïence, en un mot de tous les ustensiles que l'on forme avec différentes sortes d'argiles.

5° CALCIUM. — Le Calcium est un métal blanc argentin ; il est ductile et mou comme de la cire ; il s'enflamme très facilement à l'air ; il a beaucoup d'affinité pour l'oxigène, et lorsqu'il lui est uni, il donne *l'oxide de calcium* ou *calcaire*.

On ne trouve jamais cette substance à l'état élémentaire ; mais elle est toujours combinée avec les acides, tels que l'acide carbonique, dans la craie, le marbre, la pierre à chaux ou calcaire, et forme alors le *carbonate* de chaux ; avec l'acide sulfurique, dans le gypse, et donne le *sulfate* de chaux ; avec l'acide phosphorique, dans les os des animaux, et donne le *phosphate* de chaux ; et avec l'acide silicique, dans beaucoup de minéraux.

On obtient le calcium dans les laboratoires de chimie. Il a été découvert en 1807 par Seebeck et Davy.

4° CHRÔME.—Ce métal a été découvert, en 1797, par le célèbre chimiste Vauquelin, dans le plomb rouge de Sibérie, ou chromate plombique. Il est d'un blanc argentin, doué de quelque éclat, cassant ; il est attiré facilement par l'aimant.

L'acide de chrôme est d'une belle couleur rouge; c'est à lui que le *rubis spinelle* doit sa couleur. L'oxide de chrôme est d'un beau vert ; il donne sa couleur à l'*émeraude*, à la *diallage verte*, etc. Il sert à peindre en vert sur la porcelaine. Il peut supporter l'action du feu sans s'altérer. Cet oxide se trouve dans beaucoup de minéraux.

5° MAGNESIUM. — Le magnesium est un métal d'un blanc argentin, très malléable, qui par sa combinaison avec l'oxigène, constitue la *magnésie* d'où on l'extrait ; car jamais il ne se trouve à l'état d'élément dans la nature. Il a été découvert par Bussy, en 1829.

La magnésie carbonatée, ou carbonate de magnésie, est une substance blanche, de texture terreuse, *soluble avec effervescence* dans l'acide nitrique. Cette substance est très usitée en médecine; le sulfate de magnésie est connu dans le commerce sous le nom de *sel d'Epsom, sel de Sedlitz*. Ce sel se trouve en solution, dans les eaux, à Sedlitz, en Bohême, et à Epsom, en Angleterre.

6° POTASSIUM. — Le potassium a été découvert, en 1807, par sir Davy, chimiste anglais. Il s'extrait de l'hydrate potassique sous la forme de globules métalliques, d'un blanc grisâtre, mous comme de la cire. Ce métal est un de ceux qui ont le plus d'affinité pour l'oxigène ; aussi faut-il, pour le conserver, le tenir dans des flacons hermétiquement bouchés, et remplis d'huile de pétrole ou de naphte.

Un globule de potassium mis en contact avec l'eau en parcourt la surface, prend feu et brûle avec une flamme rouge. Lorsque la flamme s'éteint, il reste un petit globule transparent qui pétille en disparaissant. Ce globule est de la *potasse* que le métal produit en s'oxidant aux dépens de l'eau qu'il décompose. Au moment du contact du potassium avec l'eau, il s'empare de l'oxigène de l'eau, qui, en s'unissant avec le métal, produit la flamme. L'hydrogène n'ayant point d'affinité pour le potassium, se dégage sous la forme de vapeur blanchâtre.

Uni à l'oxigène, le potassium forme la *potasse*, dont l'usage est fréquent. La potasse s'extrait le plus ordinairement des cendres des végétaux.

La potasse pure, dont on extrait l'acide carbonique, se nomme *pierre à cautère*. Nous connaissons le *nitre* ou *salpêtre* ou potasse nitratée dont on se sert pour la préparation de la poudre à canon, qui est un mélange de six parties de nitre, d'une de charbon et d'une de soufre, et dont l'effet terrible résulte de l'expansion subite des gaz qui se développent lors de l'inflammation de la poudre.

Le nitre s'emploie encore dans la préparation de l'acide nitrique et de l'acide sulfurique.

7° SILICIUM. — Le silicium est un corps simple ; sa combinaison avec l'oxigène forme la silice, qui est un des principes constituants du globe. Cet élément a été aussi découvert par Davy.

La *silice* ou oxide de sicilium, telle qu'on l'obtient par des procédés chimiques, est une poudre blanche, rude au toucher ; on trouve aussi cette substance parfaitement pure dans la nature, puisque le cristal de roche est de la silice pure. (*Voir le quartz*).

8° ACIDE SILICIQUE. — On donne aussi le nom d'acide silicique à la silice : en effet cet acide, quoiqu'un des plus faibles, est cependant susceptible de se combiner avec les oxides métalliques ou bases salifiables pour produire des sels.

Il n'est peut-être parmi les minéraux, aucune substance qui soit plus commune que l'acide *silicique*, soit libre, soit combiné : coloré par des oxides, il forme beaucoup de pierres précieuses, telles que l'*agate*, le *rubis*, etc.

9° ACIDE CARBONIQUE. — L'acide carbonique est un gaz incolore, d'une saveur un peu aigre, d'une odeur légèrement piquante. Il ne peut servir à la combustion ; il asphyxie promptement les animaux qui le respirent. Il est plus pesant que l'air atmosphérique.

L'acide carbonique se trouve tout formé dans l'atmosphère, dans quelques cavités souterraines, telles que la célèbre *grotte du Chien*, près de Pouzzolles, dans les environs de Naples ; dans quelques eaux minérales, comme à Sedlitz. Dans d'autres localités, l'acide carbonique sort de terre en quantité parfois considérable ; ainsi la *fontaine empoisonnée*, près d'Aigueperse, en Auvergne, n'est autre chose qu'une ouverture d'où sort continuellement une énorme quantité de ce gaz qui asphyxie les êtres qui en approchent. Il produit la mousse du vin de Champagne, du cidre et des liqueurs fermentées. Il se trouve dans l'oxide de calcium et occasionne l'*effervescence* que produit un fragment de calcaire mis dans un acide. L'acide nitrique décompose l'oxide de calcium ou calcaire, s'empare de la chaux, et met en liberté l'acide carbonique qui, n'ayant point d'affinité pour l'acide nitrique, se dégage vivement, et forme le *phénomène de l'effervescence.*

L'acide carbonique, qui n'était connu qu'à l'état gazeux, et à l'état fluide ou liquide, vient d'être obtenu à l'état solide. Cette remarquable découverte est due à M. Thilorier. L'acide carbonique a l'aspect de neige comprimée, lorsqu'il est solidifié. Exposé à l'air, il fume et s'évaporise en moins d'un quart d'heure. Appliqué sur la peau, il produit une vive sensation de froid et occasionne une cautérisation. L'intensité du froid qu'il produit est telle qu'un thermomètre entouré d'acide carbonique solide, est descendu à 90 degrés au-dessous de zéro en moins de deux minutes.

10° ACIDE SULFURIQUE. — L'acide sulfurique reçoit vulgairement le nom d'*huile de vitriol*, parce que primitivement, pour l'obtenir, on calcinait dans une cornue, de la *couperose*, ou sulfate de fer, de sorte que l'acide qui se trouvait dans le récipient étant très concentré, avait la consistance d'huile ; il est liquide, blanc, inodore, et doué de propriétés acides au plus haut degré.

Cet acide se trouve très rarement à l'état **pur** dans la nature ; mais on l'obtient dans des laboratoires par la combustion du soufre, ou par la distillation du vitriol de fer.

Avant de parler des substances formées par la réunion ou combinaison des éléments, remarquons que lorsqu'un corps est composé de deux ou de plusieurs substances, on lui donne, dans la science, un nom qui indique les parties constituantes qui le composent. On commence ordinairement par les acides, dont on énonce d'abord le nom, excepté qu'au lieu de dire, par exemple : acide sulfurique, on dit *sulfate* ; acide carbonique : *carbonate*. On énonce ensuite la seconde *substance* sans parler des autres qui s'y trouvent aussi. Dans l'usage, on se contente de la connaissance de ces deux substances : ainsi, quand on dit, en parlant de l'amphibole : *silicate calcaire*, on entend une roche dont la *base* est la silice, *combinée* d'abord avec le calcaire, sans parler de l'alumine, de l'oxide de fer ou de chrôme, ni de la magnésie qui s'y trouvent également.

DES SUBSTANCES MINÉRALES.

Les éléments une fois connus, nous passons à l'étude des substances formées de leurs combinaisons, et qui sont la base des roches que nous nous proposons de reconnaître.

1° AMPHIBOLE. — L'amphibole est une des substances qui constituent des roches à elles seules. On en trouve abondamment dans les terrains primitifs, et il y forme des masses considérables ; par exemple, à Wuberg en Suède. C'est un principe essentiel dans la composition de la plupart des roches, telles que la diorite, le trapp. On le rencontre comme accidentel dans le gneiss, le micaschistoïde, le porphyre, la dolomie. Il est fusible au chalumeau en verre noir, en émail grisâtre, ou blanc et bulleux.

Parmi les variétés de l'amphibole, nous remarquerons la trémolite, qui est en cristaux blancs ou verdâtres, composés de fibres déliées. C'est à cette variété qu'on rapporte l'*amiante* ou *asbeste* ou *lin incombustible*, c'est-à-dire qui ne cède qu'à l'action d'un feu très violent. Les anciens, unissant l'amiante à du fil de lin, en faisaient des tissus dans lesquels ils mettaient les corps des morts qu'ils brûlaient, pour en recueillir les cendres.

2° CALCAIRE. — Le calcaire ou carbonate de chaux (ou oxide de calcium) est le résultat de la combinaison de l'acide carbonique avec les substances salifiables.

C'est l'une des substances le plus abondamment répandues dans la nature ; cependant le calcaire proprement dit ne s'y rencontre jamais à l'état de pureté, à cause de son avidité pour les acides ; mais il se trouve très abondamment dans les êtres des trois règnes, combiné avec les acides, et formant des pierres ou sels.

4

On l'obtient pur dans les laboratoires, en calcinant du marbre blanc, et conservant le produit dans des flacons bien bouchés. Il raye le *gypse*, est rayé par le *fluate* de *chaux* ou par une pointe de fer; se *dissout avec effervescence* dans les acides, et est réduit en chaux vive par la calcination. A ces derniers caractères, on le distingue facilement des autres minéraux.

3° DIALLAGE. — La diallage, l'une des espèces de la nombreuse famille des silicates, se rencontre dans la nature sous la forme de petites masses lamellaires d'un vert foncé, plus ou moins disséminées dans certaines roches du sol primordial, telles que la serpentine, l'euphotide, l'éclogiste, etc.

Elle fond lentement, et sur les *bords seulement*, en une scorie grisâtre; raye à peine le verre, mais toujours la chaux carbonatée spathique.

4° DOLOMIE. — La dolomie, ou calcaire magnésien, existe en grandes masses dans la nature, et forme des couches étendues dans les terrains primitifs et secondaires.

Elle ne fait que peu d'effervescence dans l'acide nitrique; sa couleur est blanche, ou d'un gris opaque; aspect vitreux nacré ou terne; elle raye le verre, donne une lueur phosphorescente par le choc du briquet.

La *pierre à huile*, ou dolomie compacte, dont on se sert pour repasser à l'huile la coutellerie fine, vient des environs de Smyrne.

5° FELDSPATH. — Le feldspath est une substance très répandue dans la nature, et caractérisée par un tissu lamellaire particulier, une dureté presque comparable à celle du quartz, et la propriété de se fondre en émail blanc. La couleur du feldspath opaque ou translucide est grise, rouge, incarnate ou noire.

Le feldspath entre dans la composition d'un très grand nombre de roches qui appartiennent à presque toutes les époques de formation.

Il est *fusible au chalumeau*, en émail blanc de porcelaine, rayant le verre et étincelant sous le briquet. Le mot feldspath signifie *pierre des champs*, parce qu'on en trouvait très fréquemment des fragments dans les terres.

6° GYPSE. — Sous le nom de gypse, on comprend les différentes espèces de chaux sulfatée qui se présentent en masses assez considérables dans la nature pour être considérées comme roches essentielles. Il est rayé par l'ongle, et donne du plâtre par calcination.

7° MICA. — Le mica est une des substances minérales que l'on trouve en plus grande abondance, mais se présentant plutôt sous la forme de variété que sous celle d'espèce proprement dite.

Le mica est partie constituante, dans la plupart des roches, partie essentielle du granite, du gneiss, et de beaucoup d'autres. Il a un éclat *métalloïde* doré, argenté, ou bronzé, est divisé en lamelles ou paillettes très minces et élastiques, qui se déchirent plutôt qu'elles ne se brisent. Il est très facile à rayer même avec l'ongle.

Le mica blanc est transparent. Il se trouve en feuilles minces, élastiques, ayant parfois plusieurs pieds de surface, et qu'on sépare facilement pour en faire des vitres. Cette variété porte le nom de *talc de Moscovie*, verre de Sibérie.

Le mica blanc et jaune est employé sous le nom de poudre d'or, d'argent.

8° PYROXÈNE. — Le pyroxène, considéré seul, forme des masses assez considérables pour prendre rang parmi les roches proprement dites ; mais, le plus souvent, il est disséminé dans celles du sol primordial. Il est de couleur ordinairement verdâtre, ayant l'aspect vitreux, un éclat assez vif ; il est rayé par le quartz, et raye à peine le verre ; il fond, mais difficilement, au chalumeau.

9° QUARTZ. — Le quartz est une substance très dure, que l'on découvre partout, à l'intérieur et à la surface de la terre. Nous en parlerons, avec détail, aux *roches quartzifères*.

Lorsque cette substance, composée presque entièrement d'oxide de silicium, est pure, elle constitue le *cristal de roche*, que l'on trouve souvent en beaux prismes incolores, à six pans, terminés par des pyramides à six faces.

Le quartz est infusible au chalumeau, insoluble dans les acides, excepté l'acide fluorique, rayant toujours le verre, même l'acier, donnant des étincelles par le choc du briquet.

10° TALC. — Le talc, confondu dans l'usage avec le mica, est une substance douce, grasse, onctueuse au toucher, tendre, se laissant facilement rayer par l'ongle.

Le talc a fréquemment la structure laminaire ; il est divisible en feuillets minces, flexibles, mais non *élastiques*, comme ceux du mica ; c'est un des minéraux les plus tendres, il est compact, terreux, pulvérulent, translucide ou opaque.

Le talc, pulvérisé et réduit en pâte fine, fournit

le *pastel*, entre dans la composition du *fard*, sert de craie aux tailleurs, sous le nom de craie de Briançon; sa poussière sert pour adoucir le frottement des machines, et est connue sous le nom de *poudre à bottier*.

Une des variétés du talc, *le talc chlorite*, est un assemblage d'une infinité de petites lamelles formant de petites masses, ou recouvrant simplement certaines roches ou espèces minérales, ou entrant dans leur composition par voie de mélange : cette substance est ordinairement verte.

11° ARGILE. — L'argile est composée d'alumine, de silice, d'eau et de différentes substances, dans des proportions très variées.

L'argile, proprement dite, est une substance terreuse, d'un aspect homogène, doux au toucher, tendre, happant à la langue, susceptible de se laisser polir par le frottement avec l'ongle ; elle se délite dans l'eau, et forme une pâte qui se durcit au feu ; l'argile ne fait point effervescence avec les acides.

Nous verrons les différentes sortes d'argiles, en traitant des roches, dont elles sont la base.

AVERTISSEMENT SUR LES FOSSILES.

Il sera utile de dire ici quelques mots sur les fossiles, attendu qu'il en sera bien fréquemment question dans l'étude des roches qu'ils peuvent caractériser.

Fossile se dit de tout corps organisé, soit végétal, soit animal, qui se trouve enfoui dans les roches ou dans les dépôts qui constituent les divers terrains, soit que ces corps aient changé de nature, soit qu'ils n'aient éprouvé aucune altération, soit qu'il ne reste que leur empreinte.

Si le fossile a totalement changé de nature chimique, qu'il ait été converti, par exemple, en silice ou en carbonate de chaux, ou en sulfure de fer, etc., il y a *pétrification*. — Le corps est donc dit *pétrifié*.

Il ne faut pas confondre ce dernier phénomène avec l'*incrustation*, qui a lieu lorsqu'un objet quelconque est *recouvert* par les eaux d'une croûte terreuse, pierreuse ou métallique.

Il est des fontaines, dites à tort pétrifiantes, dont les eaux ont la propriété de revêtir assez promptement d'une couche de calcaire, les corps que l'on y laisse plongés. On en trouve en Auvergne, et il y en a une à Arcueil, près de Paris.

DES ROCHES.

Quelque superficielles que soient les notions que nous avons pu donner sur les *éléments* constitutifs des *substances* qui forment la base des *roches*, elles nous suffiront cependant, à la rigueur, pour arriver à la détermination et classification des roches, et surtout pour nous indiquer la marche à suivre dans cette étude.

En effet, nous avons vu que les différentes combinaisons des divers *éléments* ou *corps simples*, produisent d'abord des *substances composées*, dont la présence, dans les roches qui en sont formées, se révèle par les caractères propres à ces mêmes substances : ainsi, par exemple, l'*effervescence* dans *l'acide nitrique* nous prouve la présence du calcaire dans la pierre à laquelle on donne ce nom : cette pierre est un *carbonate de chaux*, c'est-à-dire un composé de calcium et d'acide carbonique qui en sont la base.

De même, l'*étincelle* produite par le choc du briquet nous indique que la pierre que nous frappons contient du quartz ou du feldspath, ainsi que la *fusibilité* au chalumeau nous prouve que cette roche contient du feldspath seulement.

Nous avons donné les moyens de reconnaître chacune des substances constitutives, au moins en grand, dans les roches. L'usage, l'habitude d'observer, familiariseront d'ailleurs avec la détermination des roches.

On donne le nom de roches *simples* à celles qui sont formées d'une seule des substances que nous avons fait connaître plus haut : elles présentent, en général, un aspect homogène, ou qui du moins ne varie que dans des limites assez resserrées.

Les roches dites *composées*, c'est-à-dire qui résultent de l'association de deux ou même de trois de ces substances, présentent, au contraire, un aspect ordinairement hétérogène, au point que l'on y peut distinguer les divers principes constituants. Il arrive quelquefois aussi que ces principes deviennent si intimement mélangés, que la roche est homogène et compacte.

Suivant que chacun de ces principes constituants vient à prédominer dans les roches composées, et à leur imprimer ses caractères, elles appartiennent à diverses familles de roches, familles subdivisibles en espèces, lesquelles peuvent encore subir une autre subdivision en variétés principales ou sous-espèces.

Ces familles de roches sont : 1° les roches ferrifères ; 2° les carbonifères ; 3° les calcarifères ; 4° les quartzifères ; 5° les feldspathiques ; 6° les micacées ; 7° les talqueuses ; 8° les argileuses ; 9° les pyroxéniques ; 10° les amphiboliques ; 11° enfin les roches d'*agrégation*.

ROCHES FERRIFÈRES. — Par roches ferrifères, on entend des roches qui contiennent le fer à l'état d'oxide ou autrement, sous la couleur ou apparence de rouille. Le fer seul formant, à proprement parler, des masses, on n'a point donné de nom aux autres roches qui contiennent d'autres métaux. Comme les autres substances métalliques, le fer ne se trouve point ordinairement à l'état naturel ou natif. Les métaux sont le plus souvent entourés de substances d'une nature différente, ordinairement pierreuse, qui leur sert d'enveloppe, et dont il faut les débarrasser pour les obtenir à l'état de pureté. Cette enveloppe se nomme *gangue*, et l'ensemble du minéral et de la gangue est le *minerai*. La nature de la gangue diffère ordinairement de celle de la roche environnante ; souvent elle n'en est qu'une altération. Un même gîte de minerai renferme ordinairement plusieurs espèces de gangues, telles que le quartz, le calcaire spathique, etc. Il est impossible de ne pas voir la bonté de la Providence, dans l'abondance des mines de fer, et dans leur position à la portée de l'homme, presque toujours à un faible éloignement des mines de charbon, dont l'emploi est si nécessaire pour l'exploitation même du fer.

Ce que l'on nomme vulgairement *pierre d'aimant* ou *aimant naturel*, est du fer oligiste, ou oxide de fer magnétique, résultat de la combinaison du protoxide et du péroxide de fer. Cette substance se trouve en cristaux ou masses pourvues de l'éclat métallique. On l'exploite en Suède, en Norvége, en Russie, en Amérique, à l'île d'Elbe.

ROCHES CARBONIFÈRES. — Par roches carbonifères, on entend des roches contenant des matières combustibles, telles que le bitume, connues en général sous le nom de *charbon de terre*.

Ces roches se partagent en quatre grandes séries :

1° la houille ; 2° l'anthracite ; 3° le lignite ; 4° la tourbe.

1° La *houille*, ou plus exactement le charbon de terre, est une substance noire, combustible, qui, par sa composition, sa couleur noire et son opacité, se rapproche plus ou moins du charbon ordinaire. Elle brûle aisément, avec flamme et fumée, ayant une odeur bitumineuse, et donnant pour résidu, un charbon léger nommé *coke*. On regarde la houille comme devant son origine à des végétaux de différents ordres, surtout de ceux des cryptogames, modifiés par quelques agents qui nous sont inconnus, alliés probablement à quelques principes du règne animal, successivement déposés dans le sein des mers, et alternant avec des couches de schiste et de grès, dont les éléments appartiennent à des roches granitoïdes préexistantes.

La houille se trouve à de grandes profondeurs. Rien de plus curieux à visiter que les mines de houille. On y trouve des prodiges d'intrépidité et d'industrie humaine, et des preuves de la bonté et de la sagesse de la Providence, qui a ménagé à l'homme de pareilles ressources.

2° *L'anthracite* est une substance de la classe des combustibles non métalliques. Elle est assez semblable à la houille, dont on la distingue parce qu'elle brûle *lentement et avec difficulté*, sans odeur *bitumineuse*, ni flamme, ni fumée; c'est une substance noire, friable, à éclat de plombagine.

3° Le lignite est une substance combustible, un commencement de houille, brune, noirâtre, compacte, schisteuse, fibreuse, conservant encore la structure des végétaux ligneux dont elle provient,

— 47 —

et qui lui ont valu son nom (de *lignum*, bois).
Cette substance brûle avec flamme, donnant une
fumée bitumineuse, et pour résidu un charbon
semblable à de la braise, et des cendres comme
celles du bois. Le lignite se trouve en beaucoup
d'endroits, mais isolément. Le *jayet* ou *jais* d'un
beau noir, dont on fait des ornements, est un
lignite très dur, susceptible d'être poli et mis au
tour.

4° La *tourbe* est une matière terreuse, brune ou
noirâtre, spongieuse, plus ou moins combustible,
formée par l'accumulation de certaines plantes, qui
croissent en abondance dans les marais. On découvre, dans la tourbe, des branches, des noisettes,
et même des arbres renversés, ce qui en dénote bien
l'origine. La tourbe brûle avec ou sans flamme, ré-
pand une odeur d'*herbes sèches* et donne une braise
légère pour résidu.

ROCHES CALCARIFÈRES. — Le calcaire se présente

FIGURE 1.

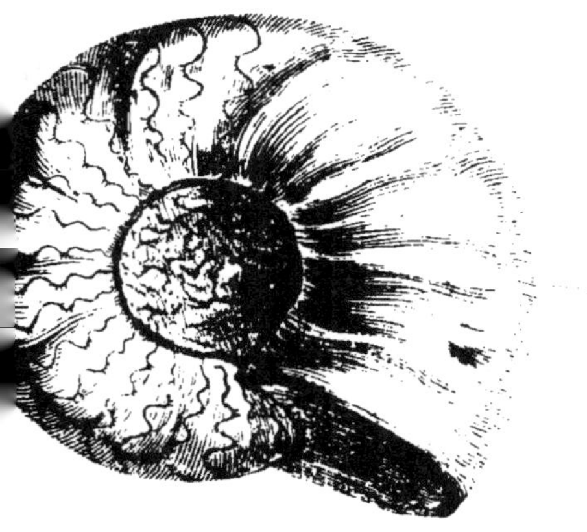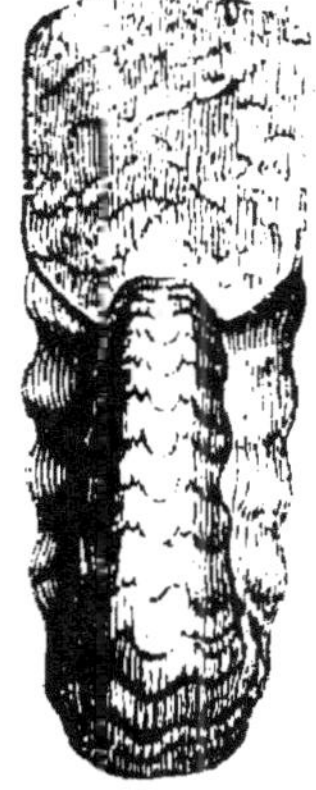

Ammonites.

en roches, sous les aspects les plus variés, soit à l'état de cristallisation, soit à l'état de sédiment, pour produire la chaux. La *chaux cristallisée* forme les cristaux que l'on trouve dans les pierres à chaux, dans les ammonites, dont le *test* (*coquille*) est changé en *spath calcaire* blanc, et l'intérieur rempli de cristaux.

Les roches calcarifères peuvent se partager en six divisions principales :

1° Les *marnes calcarifères*, qui sont un mélange de calcaire et d'argile, et qui, suivant les proportions de chacune des deux roches, présentent les caractères de l'une ou de l'autre. Leur fusibilité empêche de les confondre avec le calcaire marbre, ou avec la pierre à plâtre.

2° La *craie*, qui est également *un carbonate* de chaux. C'est une substance *opaque, blanche, friable* dans son état de sécheresse ; préparée en pains, après le lavage, elle fournit le *blanc d'Espagne*. La craie se présente en immenses dépôts, formant le sol de provinces entières ; sa formation est parfaitement distincte de celle du calcaire grossier, qui s'en rapproche. Elle fournit des pierres de taille trop tendres ; on en fait de mauvaise chaux ; mais les marnes de la chaux sont très utiles.

3° Le *gypse* grossier ou *pierre à plâtre*, portant aussi le nom d'*albâtre calcaire*, ne doit pas être confondu avec le véritable *albâtre gypseux*, remarquable par son éclatante blancheur, la finesse de son grain, sa translucidité, qui le rendent propre à faire des ouvrages d'ornement. L'albâtre gypseux est de la *chaux sulfatée*, c'est-à-dire de l'acide sulfurique joint au calcaire, ou sulfate de chaux

L'albâtre calcaire, ou pierre à plâtre, est une chaux carbonatée, concrétionnée, et conséquemment faisant *effervescence* dans les acides. Cette roche est le plus souvent de couleur jaunâtre. tirant sur le rouge, et veinée de blanchâtre.

Cette pierre a l'apparence du carbonate de chaux : la cuisson lui ayant enlevé l'eau qu'elle contenait, elle devient plâtre. Le plâtre se réduit en poudre, mais conserve toujours son avidité pour l'eau, ce qui explique la rapidité avec laquelle il l'absorbe et se durcit ensuite.

Le plâtre préparé avec de la colle, dans laquelle on mêle des couleurs, forme une matière dure qui prend un beau poli et imite le marbre. On l'emploie sous le nom de *stuc* dans les édifices. Les murs de l'intérieur de l'église Saint-Pierre, à Rome. sont revêtus de stuc.

Le sulfate de chaux pur, cristallisé, ou *pierre à Jésus*, fournit le plâtre le plus pur et le plus fin: mais il est aussi le moins solide. C'est celui qu'on emploie pour faire les statues de vierges, etc.

On donne encore le nom de *pierre à Jésus* au gypse laminaire et au mica. qui, réduits en feuillets ou lames minces et transparentes, servaient autrefois, au lieu de verre, à encadrer les images des saints.

4° Le *calcaire proprement dit*, que l'on subdivise en pierres à bâtir et pierres à chaux. Nous remarquerons que toute pierre à chaux est un calcaire, mais que toute pierre calcaire n'est point propre à faire de la chaux.

Le calcaire propre à bâtir se nomme vulgairement pierre de taille, *carreaux*. et il en existe plusieurs espèces et variétés. On les trouve en abondance et en bonne qualité dans les environs de Paris, etc.

5° Le *lias*, espèce particulière de calcaire, ordinairement de couleur bleue, et qui fournit d'excellente chaux : il consiste en un dépôt sédimenteux assez considérable de couches alternativement calcaires et argilo-marneuses, de couleur grise, bleue, noirâtre ou jaunâtre, dont l'épaisseur varie de trois à dix-huit pouces. Cette espèce de calcaire se trouve à la partie inférieure du calcaire jurassique.

Ce dépôt peut se diviser en deux couches principales, l'une supérieure, remplie de *bélemnites*

FIGURE 2.

Bélemnites.

(coquilles pointues fossiles), et l'autre inférieure, remplie de *gryphées arquées* (genre de coquilles voisin des huîtres).

6° Le *marbre*, modification du calcaire proprement dit, substance dense, compacte, est, vu sa dureté, *susceptible de recevoir un beau poli*. Le marbre fait nécessairement effervescence dans les acides, étant un carbonate de chaux ; de plus, on sait qu'il renferme ordinairement des fossiles et des modifications de substances constitutives, qui forment les veines ou accidents de couleurs. Il y a cependant des marbres entièrement *unicolores*.

Les plus recherchés sont ceux de Paros, de Carrare, etc., si estimés des sculpteurs de tous les temps. Ceux qui sont composés, et entièrement formés de débris de coquillages, portent le nom de *lumachelles*. Les anciens donnaient le nom de marbre à toutes les pierres dures, telles que le granite, le porphyre, etc.

Les marbres donnent la plus belle et la meilleure chaux.

ROCHES QUARTZIFÈRES. — Ces roches sont essentiellement composées de quartz empâté parfois dans un ciment siliceux, argileux ou calcaire, et alors on y trouve du mica, du feldspath, et des oxides de fer. Nous remarquerons ici le quartz, les sables et les grès.

1° Le quartz est une des espèces les plus remarquables par le grand rôle qu'elle remplit dans la structure du globe, et par les usages multipliés auxquels se prêtent ses nombreuses variétés. Lorsque le quartz est pur, limpide, transparent, il porte le nom de cristal de roche, comme nous l'avons déjà dit, en faisant connaître sa composition. L'*améthyste*, le *saphir d'eau*, la *fausse topaze*, en sont des espèces.

Le quartz, *agate grossier*, renferme les *silex*, ordinairement *pierres à feu*; le *silex pyromaque*, ou *pierre à fusil*; le *silex molaire*, qui donne la *pierre à meules de moulin*; le silex noir, ou pierre *lydienne*, et encore *pierre de touche*, très susceptible de poli; le quartz, *agate fin*, fournit plusieurs pierres que les joailliers emploient : telles que la *cornaline*, le *jaspe*, etc.

Le quartz arénacé fournit d'immenses dépôts de

sables qui varient de finesse et de couleur. Il y a des sables de mer , d'eau douce et de terre. On trouve une espèce de sable composé de silice et de calcaire , connu sous le nom de tangue , qui se trouve à l'embouchure des rivières, et qui fournit un excellent engrais. C'est une combinaison de vase , d'eau douce et de sable marin , renfermant beaucoup de parcelles de calcaire , provenant surtout de débris de coquilles d'animaux marins.

Les *grès* sont composés de quartz empâté dans du ciment siliceux , argileux ou calcaire. On y trouve du mica , du feldspath , et des oxides de fer. Le grès a la dureté et l'infusibilité du quartz , donne comme lui l'étincelle au briquet , mais il n'en a ni l'aspect ni la cassure ; il est écailleux , quoique luisant , tandis que le quartz est lisse. On trouve dans le grès des corps organisés fossiles, soit du règne animal, soit du règne végétal.

ROCHES FELDSPATHIQUE . — La classe des roches feldspathiques est la plus nombreuse et la plus variée de toutes. Examinons-en les différentes espèces. Dans toutes , le feldspath domine, ainsi que le nom l'indique ; mais elles contiennent plus ou moins de quartz , de mica, et même de talc , ce qui constitue les différentes variétés que nous allons voir.

Le *granite* est un mélange de feldspath, quartz et mica , immédiatement agrégés entre eux , et comme entrelacés. Lorsque le mica devient très abondant, la roche, de compacte et massive qu'elle était, devient alors schistoïde et constitue le *gneiss*. Quand le mica manque, on a le *pegmatite* ; quand il est remplacé par l'amphibole , on a la *syénite*. La variété de granite qui paraît la plus abondante est à grains moyens et à teinte grisâtre. Le granite à grains fins prend le nom d'*eurite* ou *porphyre euritique*. Le *kaolin*, variété du pegmatite, est blanc, terreux, friable, doux au toucher, faisant difficilement pâte avec l'eau. Beaucoup d'auteurs le rangent dans la classe des argiles. Il forme le fonds de la porcelaine avec le *pétunze*, autre pegmatite qui lui sert de fondement. La *protogyne*, ou granite talqueux, est une roche composée de quartz, de feldspath et de talc. Le *porphyre*, qui est une pâte de feldspath compacte avec des cristaux de feldspath quartz, est très pur, et quelquefois aussi mêlé de cristaux et variable dans ses couleurs et ses aspects. C'est une des belles pierres d'ornement, très susceptible de recevoir un beau poli ; on sait quel parti les anciens tiraient du porphyre d'Égypte.

Les granites sont des roches du sol primordial, supérieures cependant au trapp ; il n'y a ni couches ni stratification dans ces roches ; elles sont massives et par blocs.

Les anciens naturalistes, qui ne voyaient dans le granite que des fragments ou grains de différentes substances, agglutinés entre eux, à peu près de la même manière que ceux dont le grès est formé, avaient puisé dans cette idée le nom de *granite*, qui signifie *pierre grenue*.

Le gneiss, espèce de granite, comme nous avons dit, forme un système de terrain qui se montre souvent à découvert à la surface du globe, et est regardé comme le plus ancien après le terrain de granite sur lequel il repose. Il en diffère par sa structure, qui est feuilletée ou schistoïde.

5.

ROCHES MICACÉES. — Le *micaschiste* est la seule roche de ce groupe ; c'est une roche schisteuse, composée de quartz et surtout de mica, en paillettes brillantes, couchées à plat les unes sur les autres. Elle appartient aux terrains anciens, et se trouve superposée au granite et au gneiss. La structure schisteuse de cette roche empêche de la confondre avec le grès micacé.

ROCHES TALQUEUSES. — Le *stéaschiste* ou *schiste talqueux*, ou *talc schisteux*, est une roche dans laquelle le talc a pris la place du mica ; mais le quartz est plus sujet à y dominer, et à s'isoler que dans le micaschiste.

On appelle *serpentine noble* un silicate de magnésie verdâtre, ordinairement compacte ; la *serpentine commune* est cette même sorte de pâte plus ou moins pure et mélangée au fer oxidé, au talc, à l'amphibole : c'est une roche verdâtre et bariolée, compacte et susceptible d'un beau poli. C'est à une des variétés de cette roche qu'il faut rapporter les pierres qui servent à aiguiser les faulx.

ROCHES ARGILEUSES OU ALUMINEUSES. — L'*argile*, base des roches argileuses, est, comme nous l'avons dit, composée d'alumine, de silice et d'eau, et de différentes substances dans des proportions très variées. Les roches de cette classe peuvent se partager en argileuses proprement dites, et en argiloïdes.

§ 1er. — *Les roches argileuses* sont d'une nature molle, qui se rapproche plutôt de celle de la terre que de celle des pierres.

1° Tout le monde connaît l'argile commune, et les nombreux usages auxquels elle est employée ;

elle est ordinairement de couleur jaune, parfois gris-bleuâtre ou verdâtre.

2° L'argile glaise est plus liante, plus grasse que l'espèce précédente. Elle contient beaucoup de silice que le fer colore diversement ; on la nomme aussi *terre à potier*, quoique toutes les espèces de glaise ne soient pas propres à cet usage. Rien de plus connu que la poterie de grès , qui se fait avec l'espèce d'argile que l'on nomme *figuline*, ou, comme nous l'avons dit , encore *terre à potier*. Les modifications ou variétés de cette espèce donnent les différentes sortes de poteries et de briques. On sait quelle est la couleur de la brique. Toutes les poteries et faïences seraient à peu près de la même couleur si l'on ne les recouvrait d'un vernis, ou *couverte*. C'est en général une substance vitreuse que l'on broie très finement et que l'on délaye dans de l'eau, pour y plonger ensuite les poteries. On emploie, la plupart du temps, le sulfure de plomb, vulgairement *alquifoux*. Cette substance , appliquée sur la surface de la poterie, se décompose et fond pendant la cuisson. Elle produit la couleur jaunâtre des faïences grossières ; des oxides, soit de magnésie, soit de cuivre, que l'on ajoute, marbrent la surface en vert ou en violet. L'émail blanc des assiettes s'obtient par l'emploi de l'oxide d'étain. On décore ensuite ces objets avec des peintures faites au pinceau ou avec des gravures décalquées , ou on les colore avec différents émaux , et une seconde cuisson les fixe définitivement. Il y a des espèces d'argile qui peuvent soutenir le feu le plus violent sans se déformer ; elles contractent par la cuisson une demi-vitrification. Il suffit de jeter dans le four du sel qui, en se volatilisant, se fond sur la poterie, et y produit la couleur verte par places irrégulières.

3° L'*argile à foulon* sert à dégraisser les draps ; elle se combine avec la graisse qu'ils contiennent, et en lavant ensuite les draps, on enlève l'argile et la graisse, qui, ayant plus d'affinité pour l'argile, abandonne l'étoffe.

4° La dénomination de *plastique* est donnée en général à toute argile propre à la fabrication des poteries, mais l'argile plastique, proprement dite, est surtout employée dans la fabrication de la faïence. Cette argile, qui surmonte l'oolithe inférieure, existe en couches d'une épaisseur considérable, en Normandie. On en trouve aux environs de Lisieux, soit noire, soit ordinaire, et ces deux espèces sont employées dans la fabrique de faïences de cette ville.

Il y a encore l'*argile kaolin*, base de la porcelaine ; il s'en trouve une assez grande quantité près de Cherbourg.

La glaise forme des couches parfois énormes, puisqu'il en est de plus de cent pieds d'épaisseur, sur plusieurs lieues carrées d'étendue, et qui sont absolument exemptes de corps étrangers ; ces couches, ainsi que celles de l'argile ordinaire, s'opposent, en certains lieux, à l'infiltration des eaux, les retiennent, et déterminent l'apparition des sources.

Les argiles sont sujettes à se mélanger de sable et surtout de calcaire ; mélanges qui sont désignés sous les noms d'*argile sableuse*, d'*argile calcaire*. Cependant, lorsque la proportion du calcaire est assez considérable pour masquer en grande partie les caractères de l'argile, les roches prennent le nom de *marnes*, que nous allons voir figurer dans les roches *argiloïdes*.

§ 2. *Roches argiloïdes.* — Sous ce nom, on comprend des roches qui ont beaucoup de rapport avec les roches argileuses, mais qui le plus ordinairement sont des pierres.

Parmi les roches argiloïdes, nous remarquerons l'*argile calcarifère* ou marne, et les schistes ou *ardoises*.

1° Les *marnes* se distinguent des argiles proprement dites par une plus ou moins vive effervescence dans les acides. Les particules calcaires, argileuses et sablonneuses, qui entrent dans la composition des marnes, sont d'une ténuité telle que leur réunion présente une substance homogène, dont les caractères minéralogiques principaux sont d'être très peu dure, souvent même tendre et friable, d'avoir l'aspect terreux et pulvérulent, de se délayer dans l'eau en ne faisant toutefois avec elle qu'une *pâte courte* qui, soumise à l'action du feu, acquiert peu de dureté et se fend facilement. Il y a la marne jaunâtre appelée ordinairement argile calcarifère, la marne calcaire bleuâtre, la marne rouge et la marne crayeuse.

2° Les *schistes* sont des roches d'une *structure feuilletée, fissile*, ne *faisant point pâte* avec l'eau, formées d'un mélange terreux, *endurci* et *pierreux*, dont les principes dominants sont : la silice, l'alumine à l'état d'hydrate et l'oxide de fer. Parfois on y trouve de la chaux, de la magnésie et du bitume. Les schistes *ne font point pâte* avec l'eau, ce qui empêche de les confondre avec la *marne feuilletée*, qui d'ailleurs n'a point la dureté du schiste. Les schistes passent à la *grauwacke*, ou grès intermédiaire, très voisin du grès quartzeux.

Parmi les nombreuses variétés des schistes, nous remarquerons celles qui suivent : le *schiste alumineux*, connu sous les noms d'*ampélite*, *schiste graphique*, *pierre noire*, ou *pierre des charpentiers*. Cette espèce contient du charbon ; elle sert aux menuisiers, aux maçons, aux charpentiers, etc., pour tracer leurs ouvrages, faire leurs épures. Le *schiste grossier*, ou commun, qui fait le passage du schiste argileux au *schiste tégulaire ;* on le nomme encore *grosse ardoise*. On s'en sert pour les constructions. La couleur de rouille qu'on y remarque souvent est due à l'oxide de fer. Tout le monde connaît le *schiste tégulaire* ou *ardoise*, dont on se sert pour couvrir les maisons. Le bon schiste donne l'ardoise fine.

On sait qu'au sortir de la carrière, le bloc se sépare par feuillets, ou lamelles, ou *ardoises*. Les fameuses carrières d'Angers fournissent une ardoise très fine et d'un beau bleu. La meilleure ardoise est celle qui absorbe le moins d'eau.

Le *schiste siliceux*, mélange de schiste et de silice, qui étincelle sous le choc du briquet ; le *schiste coticule*, (de *cos*, *cotis*, pierre à aiguiser), donne la *pierre à rasoir*, formée de deux couches superposées, l'une jaune, l'autre noirâtre.

ROCHES PYROXÉNIQUES. — Le *pyroxène* pur se trouve quelquefois en assez grande quantité pour être considéré comme roche. Mélangé avec le feldspath, il en constitue plusieurs, suivant les proportions, et surtout suivant les formes affectées par les deux minéraux On compte plusieurs variétés du pyroxène. Arrêtons surtout notre attention sur les *laves*, ou substances minérales en masses, qui, mises en fusion par l'action des courants volcaniques, sont rejetées du sein du cratère des volcans, et se solidifient sur les terrains environnants où elles portent la désolation. L'analyse des laves y a fait découvrir le pyroxène et le feldspath, qui y dominent alternativement.

Le *basalte* est aussi un mélange intime des deux substances, où les cristaux de l'une et de l'autre sont visibles accidentellement ; c'est une roche noire, ou d'un gris foncé, qui contient presque toujours du *peridot* et du *fer titané*. Cette roche est remarquable par la structure prismatique qu'elle affecte plus souvent que toute autre roche. Les *vackes*, roches tendres, jaunâtres ou verdâtres, ressemblent assez à du basalte décomposé.

Le *mélaphyre* est encore un mélange de même nature.

Dans la *dolérite*, autre variété des roches pyroxéniques, les cristaux de feldspath et de pyroxène sont toujours visibles.

ROCHES AMPHIBOLIQUES. — Les roches amphiboliques sont composées d'amphibole, de feldspath, et souvent encore de mica et d'alumine. Elles présentent plusieurs variétés :

Les *diorites*, résultant de l'association de l'amphibole et du feldspath, soit intimement, soit en grains cristallins, soit en gros cristaux.

L'*ophite* est une roche verdâtre, compacte, composée de feldspath et d'amphibole, mais dans laquelle cette dernière substance masque complètement la première. Enfin, les *trapps* sont, parmi les roches amphiboliques, ce que les basaltes sont parmi les roches pyroxéniques ; aussi les a-t-on très souvent confondues. Le trapp appartient aux terrains primitifs, et forme la dernière couche connue après le granite qui le recouvre.

Nous remarquerons qu'une variété de trapp dite *cornéenne* ou *lydienne*, est connue sous le nom de *pierre de touche*. dont on se sert pour essayer l'or. On frotte sur cette pierre le métal qu'on veut éprouver. On verse ensuite de l'*acide nitrique* sur la trace ; si c'est de l'or, il ne se dissout point ; mais si c'est du cuivre doré, ou de l'or mélangé d'alliage, les métaux, autres que l'or, sont dissous par l'acide.

ROCHES D'AGRÉGATION. — Les roches d'agrégation ne renferment point d'espèces nouvelles en minéralogie ; elles sont composées des débris plus ou moins mélangés de toutes les roches précédentes. Lorsque les éléments sont réduits en poudre, on a les *tufs*.

Par *tuf*, on entend des pierres poreuses, produites par voie de sédiment ou d'incrustation, et provenant de matières pulvérisées, remaniées et tassées par les eaux ; on donne souvent au tuf calcaire le nom de *travertin*. Il y a cependant une différence entre le tuf et le travertin ; celui-ci est beaucoup moins poreux que le premier.

Les *poudingues* sont une agglomération de minéraux roulés, *arrondis*, réunis en masses plus ou moins considérables, et liés entre eux par un ciment quelconque.

Les *brèches* diffèrent des poudingues en ce que les minéraux sont *anguleux* au lieu d'être arrondis.

On comprend sous le nom de *galets*, les pierres de différentes espèces qui ont été détachées des blocs primitifs de leurs roches, et *roulées* par les eaux, et surtout par la mer. On les trouve souvent en masses dans les terres, où ils forment des bancs et des dépôts considérables. On leur donne vulgairement le nom de *piquerai*; lorsqu'ils sont entièrement brisés, ils forment le *gravier*.

La dénomination de *cailloux roulés* s'applique à toute espèce de roche en fragments transportés et non cimentés.

Enfin, lorsque ce sont des blocs entassés, agglutinés ou non par une pâte, l'ensemble de la roche prend le nom de *conglomérat*.

Parmi les mélanges variés qui constituent les roches d'agrégation, on en distingue plusieurs qui se reproduisent très souvent avec les mêmes caractères. Ce sont : les *grès* formés, comme on l'a vu, par l'agglutination de sables et de grains siliceux ; les *arkoses*, qui contiennent des fragments de feldspath ; les grauwackes, qui comprennent les brèches et les poudingues, formés par le gneiss, le micaschiste, le schiste argileux, le quartz et le granite ; le *macigno*, composé de quartz sableux, de calcaire et d'argile ; enfin, les *pépérines*, qui résultent de l'agglutination de grains de ponce et de fragments de lave pyroxénique ou feldspathique.

INTRODUCTION

A LA CLASSIFICATION DES TERRAINS.

Nous avons indiqué, par tout ce qui précède, la manière de reconnaître les différentes sortes de roches ; nous allons maintenant les étudier dans leurs positions respectives.

« Notre planète est arrivée, sur les points de sa surface que nous habitons, à un état d'équilibre tel que nous sommes portés (1) à regarder les fondements de la terre comme un type de durée et de stabilité ; mais nos idées seraient bien différentes, si nous étions appelés à vivre dans le voisinage des foyers d'éruptions volcaniques. Là, le sol refuse un point d'appui ; et, dans toute la durée des crises volcaniques, il oscille et vibre sous les pieds, renverse les cités, se déchire en d'affreux abîmes, transforme le fond des mers en terres fermes, et les terres fermes en mers. Les habitants de ces régions nous comprendraient sans peine, s'ils nous entendaient parler de la croûte du globe comme d'une pellicule qui flotte à la surface d'un noyau composé d'éléments en fusion ; ils ont vu ces mêmes éléments, à l'état de fluidité, s'élancer au dehors en des torrents de

(1) Buckland, *traduction de M. L. Doyère.*

lave liquide; ils ont senti le sol sous leurs pieds, ballotté, pour ainsi dire, et roulant sur les lames d'une mer souterraine; ils ont vu les montagnes s'élever et les vallées se creuser dans la durée d'un instant, et ils peuvent mieux apprécier, par le témoignage même de leurs sens, la valeur des expressions dont se servent les géologues, lorsqu'ils veulent décrire les tremblements et les convulsions qui ébranlèrent notre planète, dans le temps que les couches de son écorce passèrent du fond des mers où elles ont pris leur origine, à l'état de plaines ou de montagnes où nous les voyons maintenant assises.

Les courants de matières terreuses rejetées, à l'état de fusion, par les volcans aujourd'hui en activité, et qui s'étendent tout autour de leur cratère en couches de laves de diverses matières, ressemblent souvent d'une manière frappante aux lits de basalte, et à certaines roches trapéennes qui se rencontrent à de grandes distances de toute bouche volcanique actuelle. Il est donc très probable que ces dernières aussi ont été rejetées du sein de la terre.

Tout porte à croire que les matériaux constitutifs du globe ont été longtemps maintenus dans un état fluide par l'action d'une chaleur intense. La première consolidation qui ait eu lieu a pu être amenée par le rayonnement du calorique de la surface à travers l'espace. Cette diminution graduelle de la chaleur aurait permis aux particules matérielles de se rapprocher et de cristalliser, et cette cristallisation aurait eu pour premier résultat la formation d'une sorte d'écorce ou de croûte composée de métaux oxidés, et des métalloïdes qui constituent les diverses roches de la série granitique, et entourent un noyau de matières en fusion plus dense que le granite, et analogue à celle qui constitue la substance spécifiquement plus pesante du basalte et de la lave compacte. » Voilà donc le premier agent qui a été mis en action, c'est-à-dire le feu. A son influence se rattache la vaste et importante série de roches plutoniennes ou non stratifiées.

L'eau est le second agent qui nous rendra compte de l'existence des autres roches dites neptuniennes ou stratifiées.

Telle est la grande division dans laquelle nous ferons rentrer toutes les espèces de roches, en les classant par différents terrains, qui appartiendront à l'un ou à l'autre de ces deux genres de formations. Il est impossible de ne point arrêter notre attention sur le rôle important que jouent, dans le monde matériel, ces deux agents universels et antagonistes, qui ont si prodigieusement influé sur la condition du globe, à la voix du Créateur, et qui, devenus, entre les mains de l'homme, les instruments les plus puissants de sa volonté, le servent, en auxiliaires soumis, dans les plus hautes opérations de la mécanique et de la chimie, comme dans les détails les plus vulgaires de l'intérieur de son ménage.

Lorsqu'on examine les flancs des montagnes, les excavations creusées par notre industrie, et diverses autres localités favorables aux études géologiques, on ne tarde pas à s'apercevoir qu'il existe un grand nombre de terrains différents; ces terrains forment,

en général, des couches ou étages qui se recouvrent les unes les autres. Leur disposition variant
de même que leur texture, et plusieurs autres circonstances se présentant d'après ces différences,
on arrive à la division que nous avons établie, en
deux grandes classes, savoir : les *terrains plutoniens* et les *terrains neptuniens*.

Ce que nous avons dit des *terrains plutoniens*,
qui paraissent être le produit de l'action du feu,
nous indique assez pourquoi ce nom leur a été
donné. Ces terrains ont, en général, une texture
dense et cristalline, et forment ordinairement des
masses très puissantes ; ils ne sont pas disposés en
couches régulièrement superposées, et ne renferment point de débris de corps organisés. Enfin ils
semblent avoir formé la croûte primitive du globe ;
car on les trouve au-dessous des *terrains neptuniens*, mais ils paraissent aussi s'être quelquefois
épanchés à la surface de ces derniers, ou entre les
diverses couches dont ils sont composés.

Les terrains neptuniens qui, comme nous l'avons
dit, semblent avoir été déposés par les eaux, ont,
en général, une texture ou grossière ou compacte.
Rarement ils sont cristallins ; mais leur principal
caractère consiste dans leur disposition régulièrement stratifiée.

On entend par *stratification* la configuration des
roches en grandes couches parallèles, lesquelles
sont ordinairement subdivisées en assises ou lits,
distincts par des variations de couleur, de texture,
ou de composition, et dont les plans de séparation
sont parallèles à ceux de la couche elle-même. Cette
stratification est un fait inhérent à l'origine des

terrains neptuniens, appelés aussi pour la plupart terrains *sédimentaires ;* car un dépôt, fait dans les eaux, soit par précipitation de matières tenues en suspension, soit par précipitation chimique, doit nécessairement avoir lieu par lits successifs et parallèles.

C'est au milieu de ces terrains que l'on trouve les débris des divers corps organisés dont la surface de la terre a été successivement peuplée.

Ces terrains stratifiés n'ont pas été formés d'un seul jet, mais successivement, et sous l'influence de circonstances diverses. On y reconnaît, comme nous l'avons déjà dit, des couches distinctes, et ces couches se recouvrent les unes les autres, de telle manière que les plus anciennes se trouvent au-dessous de celles dont la formation est plus récente. Il est facile de voir que le même point de la surface du globe a été successivement, et à plusieurs reprises, laissé à sec et recouvert par les eaux de la mer, ou par des eaux douces, dont le dépôt ou sédiment forme ces bancs, et l'on reconnaît que ces bancs eux-mêmes diffèrent, non seulement par la nature et la disposition de leurs éléments constitutifs, mais aussi par la nature et la disposition des débris de corps organisés enfouis dans leurs substances.

On en distingue un très grand nombre, et, comme on pouvait le prévoir d'après leur mode de formation, ils se trouvent partout dans le même ordre de superposition ; ainsi le terrain qui, dans une localité, en recouvre un autre, ne pourra jamais se trouver ailleurs au-dessous de lui ; il pourra manquer complètement, de façon à laisser ce dernier à nu , ou en contact avec une couche qui ailleurs le recouvre lui-même, mais partout, lorsqu'il existera , il devra être supérieur à tous les terrains dont la formation date d'une époque plus reculée.

Il est évident aussi que lorsque ces couches solides se déposent lentement au fond des eaux , elles doivent avoir une position à peu près horizontale, et qu'elles doivent occuper les parties les plus basses de la surface sur laquelle elles se forment, de manière que si cette surface présente des élévations considérables, elles pourront rester à nu , et se montrer à un niveau supérieur à celui qu'occupe la formation nouvelle. Aussi , lorsqu'on se dirige des plaines basses vers les chaînes de montagnes , et qu'on en gagne le sommet, rencontre-t-on successivement des terrains de plus en plus anciens, à mesure qu'on s'élève davantage; seulement si, dans le fond de la vallée, on creusait verticalement une sorte de puits , et qu'en y descendant on examinât les différentes couches qui se présenteraient , on les trouverait dans leur ordre naturel , c'est-à-dire les plus modernes au-dessus des formations antérieures.

Tantôt les terrains stratifiés ont conservé la position horizontale qu'ils avaient quand ils ont été formés , tantôt ils sont devenus plus ou moins obliques , par suite de leur abaissement partiel, ou de leur soulèvement inégal. Souvent on voit des couches qui se sont redressées brusquement, de manière à être presque perpendiculaires; et , sur les flancs de l'élévation produite par ce bouleversement de la nature , on rencontre d'autres couches parfaitement horizontales : on en peut conclure que ces dernières ne se sont formées que postérieurement au soulèvement des premières ; et, comme ces rapports de position se rattachent à la théorie la plus probable de la formation des montagnes, en les étudiant on peut arriver à déterminer l'âge géologique de ces mêmes montagnes : les importants travaux de M. Elie de Beaumont sur les soulèvements de la surface de la terre en fournissent la preuve.

Nous verrons les témoignages de la bonté de la Providence dans la position de plusieurs de ces terrains, qui renferment des richesses et des matières indispensables à l'homme.

CLASSIFICATION DES TERRAINS.

Nous commencerons la description des divers terrains dont se compose la croûte solide du globe, par la classe des terrains stratifiés ou neptuniens, parce qu'ils sont supérieurs aux terrains plutoniens.

Ire CLASSE. — TERRAINS NEPTUNIENS.

Les terrains stratifiés, dont nous avons fait connaître les caractères généraux, sont classés d'après l'ordre de superposition dans lequel nous les rencontrons, ou, en d'autres termes, d'après leur ancienneté relative, d'après les circonstances qui ont accompagné leur formation, et d'après leur nature. Ces terrains forment cinq groupes principaux savoir:

1° Les *terrains modernes* ou *post-diluviens*, qui sont supérieurs à toutes les autres couches, et qui sont postérieurs aux dernières grandes révolutions du globe, dont dépend l'état actuel des continents et des mers, et qui se sont formés depuis que l'homme existe sur la terre.

2° Les *terrains tertiaires*, qui, lorsqu'ils sont en contact avec les terrains modernes, se trouvent au-dessous d'eux, et qui se sont formés lorsque le globe était déjà peuplé d'animaux et de plantes appartenant à toutes les classes actuellement existantes, mais dont les espèces ont généralement disparu de la surface de la terre.

3° Les terrains *secondaires* ou *ammonéens*, qui ont précédé ceux dont nous venons de parler, et qui renferment des débris d'êtres organisés très différents de ceux qui existent aujourd'hui, tels que d'énormes reptiles, des ammonites, appelés vulgairement des cornes d'Ammon, etc.

4° Les *terrains de transition* ou *terrains hémilysiens*, qui, inférieurs aux précédents, ne renferment plus de débris d'animaux vertébrés, mais en général des animaux aquatiques et des plantes qui diffèrent des fossiles des couches supérieures.

5° Les terrains *stratifiés primordiaux*, ou *primitifs*, qui, ainsi que les dernières couches des terrains de transition, paraissent avoir été formés par cristallisation, et qui ne renferment ni ne recouvrent aucun débris d'êtres organisés.

Souvent on confond ces derniers avec les terrains plutoniens supérieurs sous le nom commun de *terrains primitifs*, parce qu'ils paraissent avoir existé avant la création de toutes choses vivantes : mais il est bien important de les en distinguer.

Voyons maintenant avec plus de détails chacune de ces divisions du terrain neptunien. Nous commencerons par les terrains qui sont d'une date plus récente, et qui sont supérieurs à tous les autres, partout où ils existent. Nous descendrons par degrés jusqu'à ceux qui se confondent avec la formation plutonienne.

TERRAINS MODERNES.

Les terrains modernes, c'est-à-dire ceux dont la formation est postérieure à l'existence de l'homme, sont pour la plupart des assemblages de fragments de roches plus anciennes et de débris de corps organisés.

L'action de la pluie, du soleil, de la gelée, et une multitude de causes, tendent sans cesse à altérer la surface des roches, même les plus compactes, et à en détacher des fragments ; ces fragments, plus ou moins divisés, se répandent sur la surface du sol, se mêlent avec le détritus des plantes et des animaux, et constituent de la sorte une couche meuble plus ou moins mince qui recouvre la partie de la surface du globe habitable, et susceptible d'être cultivée. Cette couche porte en général le nom de *terre végétale*, parce que c'est dans l'espèce de lit ainsi formé que croissent presque tous les végétaux.

Les matières minérales qui entrent dans sa composition sont d'ordinaire du sable, de l'argile, ou des débris de roches calcaires ; les meilleures terres résultent d'un mélange de ces trois substances et d'une certaine quantité de terreau, ou débris de corps organisés, que l'on nomme aussi *humus*. C'est pour cette raison que les terrains modernes sont de la plus grande fertilité

Lorsque des courants d'eau passent sur des terrains meubles comme ceux dont nous venons de parler, ils entraînent avec eux une partie des matières dont ils se composent, et si, par l'élargissement de leur lit ou par toute autre cause, leur rapidité est diminuée, ces particules solides ne tardent pas à se déposer et à former des amas plus ou moins considérables, appelés *alluvions*.

Les terrains d'alluvion se forment tantôt sur les bords de la mer, tantôt dans le lit ou sur les bords des fleuves. Les terrains limoneux qui tapissent le fond des vallées et qui les nivellent, en quelque sorte, appartiennent à cette classe ; il en est de même des dépôts arénacés, désignés, en général, sous le nom de sable de rivière, de dépôts de cailloux. Des bancs de cette nature se forment tous les jours, et acquièrent dans quelques localités une très grande étendue ; ils forment le sol de la Hollande et du Delta du Nil, et c'est par leur dépôt que le lit de certaines rivières, telles que le Pô, s'exhausse continuellement.

D'autres terrains modernes connus sous le nom de *terrain tuffacé*, de *travertin*, etc., sont formés par les sels calcaires que certaines eaux tiennent en dissolution et abandonnent peu à peu.

Nous avons eu déjà occasion de parler de ces phénomènes en parlant des sources incrustantes.

Les zoophytes qui habitent la mer et qui sécrètent une espèce de charpente pierreuse, constituent, dans quelques localités, des masses si considérables qu'il en résulte d'immenses recifs. Ces bancs madréporiques, appelés par les marins *bancs de corail*, forment autour de plusieurs des îles

FIGURE 3.

Portions de Coraux.

de l'Océanie une espèce de ceinture rocheuse qui s'élève jusqu'au niveau de l'eau, et rend la naviga-

FIGURE 4

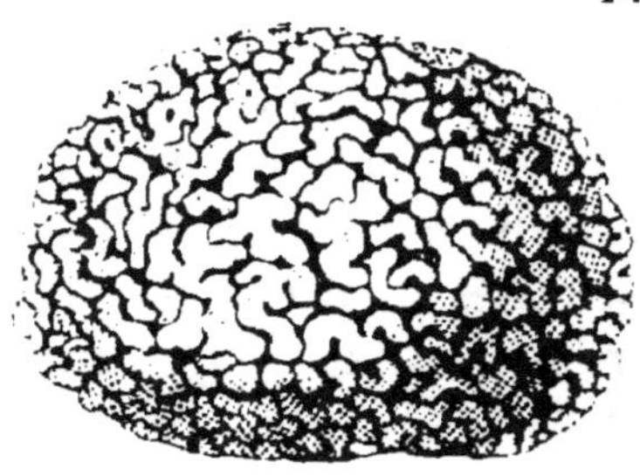

Coraux du genre fascicularia.

tion fort dangereuse dans ces parages. (*Fig. 3 et 4*).

Enfin les débris de plantes qui s'accumulent dans certaines localités humides, donnent lieu à la formation de couches de *tourbe*, quelquefois très épaisses, dans lesquelles se trouvent enfouis des arbres semblables à ceux qui croissent aujourd'hui, même des forêts entières, et des monuments de l'industrie humaine, qui attestent le peu d'ancienneté de ces dépôts.

Nous en parlerons en nous occupant du terrain houiller.

Si les terrains modernes sont les plus favorables à l'agriculture, ils sont d'un autre côté les moins riches en matière d'exploitation. Les fossiles qu'on y découvre appartiennent, dans les deux règnes, aux mêmes espèces qui vivent encore dans le pays où on les trouve. Ce sont des débris d'ossements humains, des fragments de *briques*, de *poteries*, des *scories* de forges, des *bois travaillés*, etc. Ces débris, qui tous attestent la vie de l'homme, ne se trouvent en quelque fréquence que dans les terrains d'alluvion.

Les *blocs erratiques*, gros débris de rochers qui se rencontrent dispersés dans les plaines ou dans les montagnes, sont des indices caractéristiques de ces mêmes terrains.

Il ne faut pas confondre ces blocs avec les *aérolithes*, pierres tombées du ciel, dont on ne connaît pas encore bien l'origine. Elles contiennent toujours du fer et du *nickel*, métal fort rare à la surface de notre globe. On n'a point encore vu de trace de ces sortes de pierre dans les terrains antérieurs aux modernes.

Quant aux terrains volcaniques qui se produisent aussi à l'époque actuelle, ce n'est pas ici le lieu d'en traiter.

TERRAINS TERTIAIRES.

On donne, en général, le nom de terrains tertiaires ou de *sédiments supérieurs*, à toutes les couches inférieures à celles qui se forment actuellement, et supérieures à la craie.

Le caractère le plus important de ce groupe de terrain est tiré de la nature des débris d'êtres organisés qui s'y trouvent, et qui nous montrent quels étaient les animaux et les plantes dont la surface du globe était peuplée à l'époque où ces immenses dépôts se sont formés : on n'y voit absolument rien qui témoigne de l'existence de l'homme, et la plupart des êtres organisés qui vivaient alors, ont disparu aujourd'hui ; mais ils se rapprochent beaucoup, par leurs formes et leur organisation, des espèces actuelles ; on y trouve des mammifères et point de ces coquilles si singulières, appelées bélemnites et ammonites. La limite entre ces terrains et les terrains modernes est difficile à fixer, tant il y a de ressemblance entre ces derniers et les couches les plus récentes des formations tertiaires. Ainsi, on range dans cette classe les dépôts immenses de sable, de cailloux et de blocs pierreux, qui, dans quelques endroits, ont tous les caractères d'un terrain d'alluvion, mais dont il est impossible d'expliquer la formation par l'action des cours d'eau actuellement existants, ce qui leur fait supposer une date antérieure aux diverses révolutions qui ont donné au sol sa configuration actuelle. La plaine occupée par le bois de Boulogne, près de Paris, nous présente un sol formé par une immense accumulation de gravier, de galets et de blocs de grès, de calcaire siliceux, etc.

On donne le nom de *terrains diluviens, terrains de transport*, etc., aux couches les plus superficielles de l'écorce du globe qui ont été évidemment formées par les eaux, mais dans des circonstances qui n'agissent plus aujourd'hui. Leur texture est grossière ; les parties qui les composent sont en général simplement agrégées ; ces terrains sont rarement homogènes, même à l'œil, et paraissent dus, non à un dépôt tranquille, mais à l'action violente des courants qui transportent souvent au loin des masses considérables. Ils ne renferment jamais aucun reste, aucun débris de l'espèce humaine, ni des produits de son industrie. On y trouve au contraire des plantes et des végétaux qui ont disparu de la surface de la terre, avant

FIGURE 5

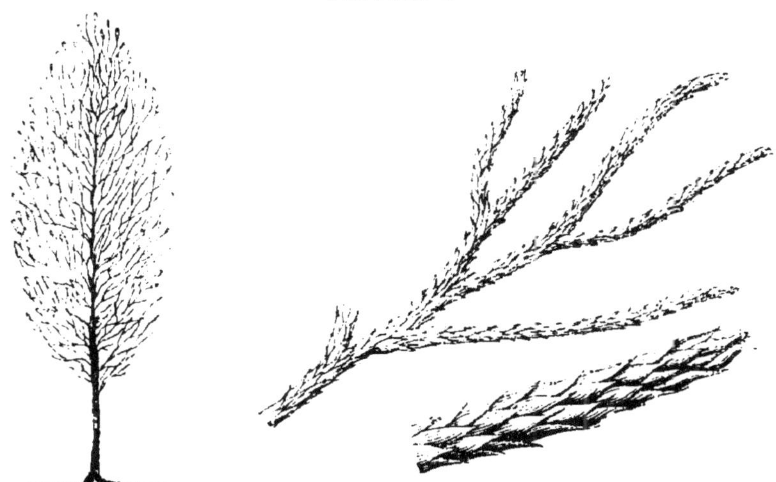

Lycopodium.

notre création, ou qui ne vivent plus que dans d'autres régions du globe.

Les terrains tertiaires renferment peu de roches dures ; ils se composent principalement de grès, d'argile et de marne plus ou moins calcaire. Ces *grès* se trouvent quelquefois par masses ; ils sont très durs, et employés à divers usages. On en rencontre beaucoup dans le sol de Paris : les grès tertiaires sont friables, souvent même à l'état de sable.

Quant aux *argiles* et aux *marnes* de ces terrains, on les trouve assez ordinairement ensemble en couches alternant plusieurs fois. On voit cependant des dépôts d'argile presque pure d'une assez grande importance.

Les *marnes* dominent presque toujours dans ces terrains, et y présentent toutes les variétés de couleurs et d'épaisseurs de couches dont elles sont susceptibles. Lorsqu'elles sont surchargées de carbonate de chaux, elles deviennent des calcaires plus ou moins durs. Mais, outre ces calcaires marneux, on voit aussi, dans les mêmes terrains, des calcaires proprement dits. Ces terrains sont d'une pâte généralement très grossière, et le plus souvent mêlée de sable, de fragments de coquilles ou de débris de toute espèce. A Paris, on emploie ce genre de calcaire pour bâtir.

Le *calcaire siliceux*, qui est d'une très grande dureté, se trouve aussi dans ces mêmes terrains ; puis on y rencontre des couches épaisses de *silex meulière*. Dans ces terrains, les différents groupes que nous venons de nommer se composent de couches formées, les unes dans l'eau de mer, les autres dans l'eau des lacs et des fleuves, d'où est venue la distinction de *formations marines*, et *formations d'eau douce*.

Il y a des caractères qui font reconnaître à laquelle de ces deux formations chacun des groupes désignés plus haut appartient ; mais c'est surtout à l'examen des fossiles qu'ils renferment que l'on peut s'arrêter d'une manière précise.

Dans la formation d'eau douce ou *lacustre*, il se trouve presque toujours quelques débris de *planorbes*, de *lymnées*, ou d'*hélices*. (*Fig.* 6, 7, 8, 9.)

FIGURE 6.　　　FIGURE 7.　　　FIGURE 8.

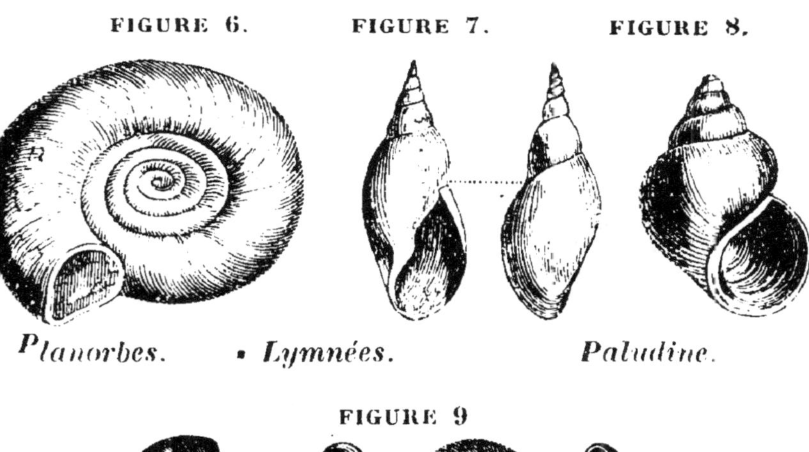

Planorbes.　　• *Lymnées.*　　　*Paludine.*

FIGURE 9

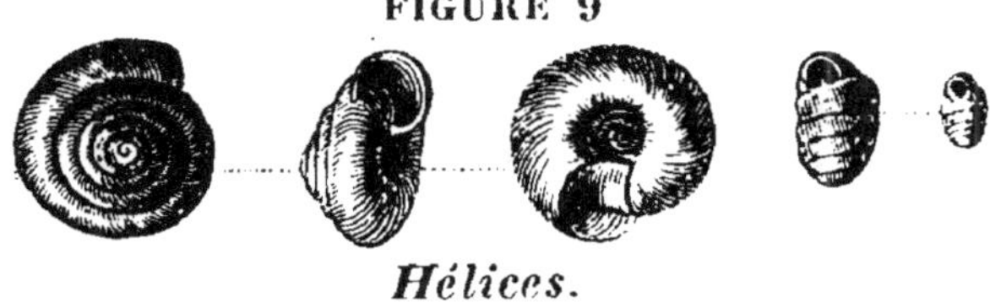

Hélices.

Le *gypse* et les lignites s'y rencontrent fréquemment.

Dans les couches argileuses et marneuses, on voit assez souvent des impressions de feuilles, de

7.

fleurs, de fruits, de végétaux terrestres ou aquatiques, quelquefois même des ossements et autres débris de mammifères, de reptiles et de poissons d'eau douce.

Les formations marines ont aussi leurs fossiles particuliers et en très grande abondance, et dans un état de conservation souvent parfaite. Ce sont des coquillages semblables, pour la plupart, à ceux que l'on recueille sur les côtes de la mer. Leurs couleurs ont disparu, mais, à leurs formes, on en reconnaît facilement les diverses espèces. Les plus communs sont : les *cérites*, les *fuseaux*, les *nérites*, les *arches*, les *huîtres*, les *rochers*, les *bucardes*, les *pétoncles*, les *vénus*, les *dentales*, etc. (*Fig.*10, 11.)

FIGURE 10.

FIGURE 11.

Cerithea.

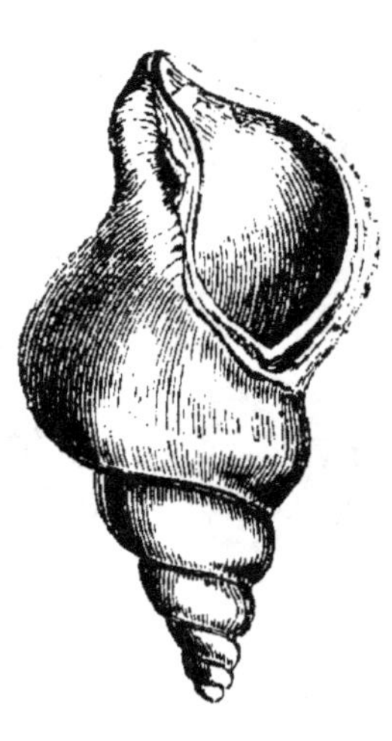

Fuseau.

Il y a un nombre prodigieux de très petites coquilles microscopiques. Les plus remarquables à cause de leur abondance sont les *milliolites*, grosses comme des graines de moutarde, et qui semblent à l'œil des points blancs. Les milliolites

FIGURE 12.

Huîtres.

ont dû vivre entassées comme du sable, car on voit des roches, surtout dans les carrières de Paris, qui en sont presque entièrement composées. On y rencontre aussi des débris de crustacés plus ou moins semblables au *homard*, des *oursins* (*fig.* 14.) et beaucoup de *polypiers*; enfin, des vertèbres et diverses dépouilles de *poissons* et d'*amphibies*

FIGURE 13.

FIGURE 14.

Huître.

Echinus - oursin provenant de la craie, auquel adhère la valve inférieure de la crania.

marins. On connaît déjà plus de trois mille espèces de ces animaux marins, qui ont été recueillies dans différents lieux des terrains tertiaires.

Les roches de formations marines sont en général les grès, les sables, les marnes et les calcaires grossiers, remplis de coquilles et de corps marins, tandis que les formations lacustres se composent presque exclusivement des argiles et des calcaires compactes. Ces deux sortes de formations se trouvent placées l'une au-dessus de l'autre, et leur alternance plusieurs fois répétée dans la même localité donnerait à croire que la mer, après avoir occupé quelque temps tel ou tel lieu, aurait' été déplacée, et que le bassin d'eau douce qui lui aurait succédé, aurait fait place à son tour, après un assez long espace de temps, à une nouvelle mer, et, ainsi de suite, plusieurs fois alternativement. Ce que nous aurons à dire plus tard de la théorie des soulèvements fera mieux concevoir ces déplacements d'eau à toutes les époques. Il est important de remarquer que les couches de formation marine sont en général plus épaisses que celles de formation lacustre ou d'eau douce, et leurs couleurs sont moins variées.

Parmi les richesses des terrains tertiaires, nous signalerons les matières qui suivent : l'*hydroxide* de fer, qui se trouve en assez grande quantité dans les couches ordinairement superficielles de grès ou d'argiles. Des nodules d'*ambre* disséminés dans

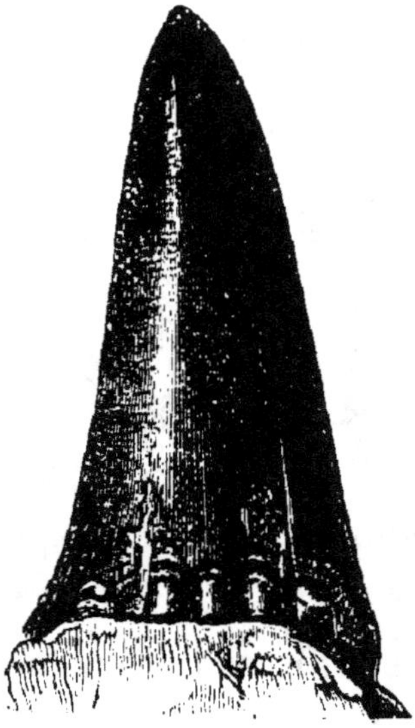

FIGURE 15.

Dent de Sauroïde.

les argiles, dans les marnes et dans les lignites. Des *turquoises de nouvelle roche*, qui ne sont que des débris de dents fossiles pénétrées dans la terre de *phosphate de fer* qui leur donne leur couleur; diverses *agates* et bois pétrifiés, notamment le bois de *palmier*, qui avait autrefois une assez grande valeur, lorsqu'il était poli et mis en bijoux; enfin, quelques *opales* non irisées. Il est rare que ces terrains contiennent des matières de décorations susceptibles de poli; on y trouve quelques calcaires employés comme *marbres*; mais plus facilement de l'*albâtre* gypseux à couleurs mélangées : tel est celui connu sous le nom d'albâtre de France, que l'on exploite non loin de Paris. Ces terrains contiennent aussi quelques *travertins*. Ils fournissent encore la *strontiane*, que les artificiers emploient pour colorer leurs flammes en pourpre, en vert..., quelques *ocres* pour la peinture, et quelques variétés de *magnésite*, terre dont sont fabriquées les pipes dites d'écume de mer. Les modeleurs en plâtre y trouvent ordinairement la *pierre à Jésus*, la plus pure et la plus abondante. On y découvre des *argiles* onctueuses très propres à absorber les matières grasses, qui se vendent sous le nom de *pierre* ou *savon à détacher;* ces argiles sont également utilisées pour la préparation des draps, et plusieurs de leurs variétés servent à diverses poteries. Les terrains tertiaires offrent encore de grands amas de *soufre*, et diverses roches imprégnées de bitume.

En résumé, les diverses matières que l'industrie trouve dans ces terrains sont peu abondantes; c'est à l'architecture qu'ils offrent de grandes ressources. L'étude des fossiles y puise les documents les plus curieux, et l'agriculteur y rencontre un sol toujours favorablement constitué pour la végétation : ce qui n'est pas d'un médiocre intérêt, puisque les terrains tertiaires couvrent de grandes contrées. Ce sont en général des pays de plaines, où quelques coteaux se montrent seulement le long des rivières. S'il s'y rencontre quelques parties infertiles, on peut facilement les rendre productives, car ces terrains, résultant d'un grand nombre d'éléments divers, empruntés à tous les terrains plus anciens, et dont les débris entraînés par les eaux ont été déposés soit dans des lacs, soit dans le fond des mers, il y aura toujours moyen de combiner, sans sortir des terrains tertiaires, les éléments dont le mélange bien entendu produit la meilleure terre à labour.

TERRAINS SECONDAIRES OU AMMONÉENS.

On réunit sous le nom de terrains secondaires toutes les couches qui se succèdent depuis la craie jusqu'au terrain houiller, et même jusqu'au calcaire de transition ; mais on divise ces terrains en deux groupes principaux, connus sous les noms de terrain secondaire supérieur et terrain secondaire inférieur.

§ 1er — TERRAIN SECONDAIRE SUPÉRIEUR.

Le terrain secondaire supérieur se compose, comme tous les terrains formés par les eaux, de grès, d'argiles et de calcaires, qui constituent ensemble une formation puissante connue sous le nom de *terrain crétacé*.

Les grès de ce terrain qui, le plus souvent, se trouvent à sa partie inférieure, sont ordinairement caractérisés par de petits grains de matière verte qui s'y trouvent disséminés quelquefois en très grande abondance, ce qui leur a valu le nom de *grès vert*. Ce grès et les argiles ou marnes qui l'accompagnent, renferment beaucoup de débris de corps organisés marins, et principalement des *oursins* et des coquilles.

Les *calcaires* du terrain crétacé présentent un bien plus grand développement que les roches précédentes, ils forment des couches épaisses et très nombreuses qui couvrent des contrées entières : tantôt ils sont à l'état de craie proprement dite, et tantôt complètement durs, même à l'état de pierre et de marbre.

Les terrains crétacés occupent une grande partie du nord-est de la France. La craie blanche se montre absolument à nu, à la surface du sol, dans la Champagne, et imprime à ce sol une telle stérilité, qu'on y voit d'immenses plaines où non seulement la culture est impossible, mais où il n'existe aucune espèce de végétation. La craie domine aussi dans la Picardie, mais elle y est ordinairement recouverte d'une couche plus ou moins épaisse de terrains meubles qui rendent ce pays assez fertile. Depuis Mantes jusqu'à Rouen, on voit encore la craie à nu, sur les collines qui bordent la Seine, et dans la Beauce elle n'est recouverte que par du sable. Cette vaste ceinture de craie pénètre quelquefois dans le bassin de Paris ; ce qui paraît résulter de protubérances antérieures au dépôt. A Meudon et à Bellevue, la craie est exploitée à quinze mètres au dessus du niveau de la Seine.

FIGURE 16.

FIGURE 17.

Depuis la Seine-Inférieure jusque dans les Pays-Bas, la craie forme la plupart du temps la surface du sol. On en distingue plusieurs variétés: la *craie blanche*, la *craie marneuse* la *craie subcristalline*. Sur les côtes de la Manche, ces divers bancs de craie forment des falaises abruptes, dont l'aspect n'est varié que par les formes bizarres que les eaux leur ont données en plusieurs points, notamment à Étretat et dans l'île de Wight. (*Fig.* 16, 17, 19.) Les caractères du terrain crétacé s'éloignent, en beaucoup de contrées, des caractères ordinaires, et changent totalement dans le midi de l'Europe.

Aiguille détachée de la craie près d'Elbœuf.

Les *fossiles* du terrain crétacé sont très nombreux et souvent bien conservés. On y remarque un grand nombre de coquilles cloisonnées comme les nautiles, mais que l'on peut comparer plus complètement aux ammonites à cause des plis festonnés que portent leurs

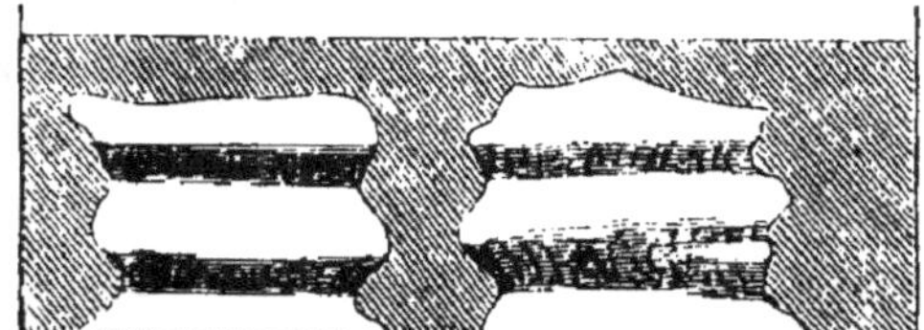

Aiguille et arche d'Étretat, dans les falaises de la Normandie.

Ammonites.

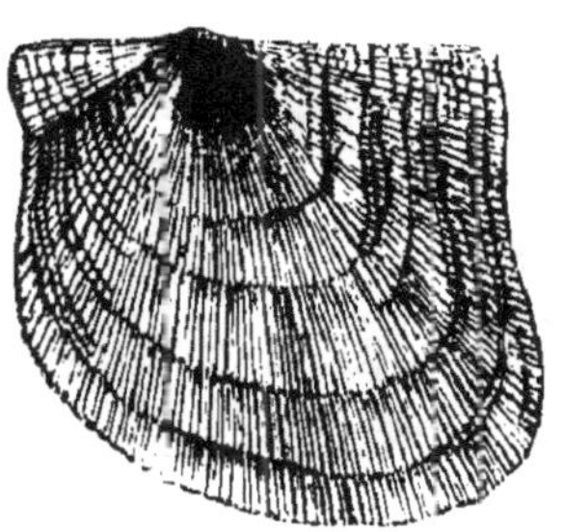

Peigne.

cloisons (*fig*. 20) ; ils y forment plusieurs genres complètement inconnus dans les mers actuelles. On y retrouve aussi, en abondance, des *huîtres*, des *peignes*, des *térébratules* (*fig*. 12, 21, 22), et une

FIGURE 22.

Térébratules.

série nombreuse de grosses coquilles très irrégulières, semblables à des cornets diversement recourbés ; leur surface inégale et grossièrement lamelleuse leur a valu le nom général de *rudistes ;* de grandes coquilles s'y présentent quelquefois entières. Il est impossible de les détacher à cause de leur fragilité et des fissures qui les pénètrent dans tous les sens ; mais en attaquant la roche de loin, on détache un petit bloc au milieu duquel la coquille fragile se trouve plus ou moins entière. A Maëstricht, où la craie solide et jaunâtre a donné lieu à d'immenses exploitations, on a trouvé entre autres fossiles, un énorme reptile appelé *mosasaure.*

FIGURE 22 BIS.

Nautilus.

Le terrain crétacé se trouve assez habituellement disposé en couches horizontales, et n'ayant essuyé qu'un nombre assez restreint de secousses et de soulèvements, il a conservé, sur beaucoup de points, la forme sous laquelle il a été déposé par les eaux : aussi, les contrées où domine le terrain crétacé, sont généralement horizontales, et seulement entrecoupées de collines médiocrement élevées, à formes arrondies, et cependant abruptes tout le long des vallées. Partout où les calcaires du terrain crétacé règnent en couches horizontales sur de grandes étendues de pays, ils y causent une stérilité plus ou moins complète, ils sont habituellement remplis de fissures comme les calcaires, et, en outre, à cause de leur moindre dureté, ils ont souvent la propriété d'absorber l'eau très avidement. Ces deux circonstances doivent donc nécessairement les rendre infertiles; car elles empêchent également l'établissement des ruisseaux et de tout système naturel d'irrigation, premier principe de la fécondité. Du reste, les puits artésiens peuvent facilement s'établir dans ces sortes de terrains.

Lorsque ce sont les grès et les argiles de la craie qui dominent dans une contrée, elle peut devenir fertile, ou même l'être naturellement, parce que les eaux sont plus facilement retenues à la surface du sol, et que le mélange des terres s'établit dans des proportions beaucoup plus convenables.

Le terrain secondaire supérieur fournit de la *chaux*, du *plâtre*, des *blancs*. On y trouve quelques mines de *fer*, de *lignite*, de *soufre*, de *sel* en roche, et de *tripoli*; de l'*argile* à foulon, quelques *calcédoines*, et quelques *agates*, propres à être gravées en camée ; enfin, un petit nombre de marbres à teintes généralement unies ou ornées de très petits filets, et quelques *marbres brèches* plus ou moins recherchés.

On voit fréquemment dans les contrées crayeuses, la surface du sol couverte de *silex en rognons* de formes très variées, et peu ou point dégradés extérieurement. Ces rognons de silex ressemblent parfaitement à ceux que l'on trouve encore disposés par couches dans l'intérieur de la masse crayeuse ; ils prouvent que des eaux plus ou moins anciennes ont dissous et emporté une grande épaisseur de craie, dont elles n'ont pu entraîner les silex laissés à la surface du sol en témoignage de l'ancien état de choses et de leur destructive érosion. Ces silex sont extrêmement précieux pour l'entretien des routes.

§ 2. — TERRAIN SECONDAIRE INFÉRIEUR.

Le *terrain secondaire inférieur*, placé sous le précédent, est disposé par couches bien distinctes, et souvent obliques, courbes, et même sinueuses. On distingue dans le terrain secondaire plusieurs formations connues sous les noms de *terrain jurassique*, *terrain triasique*, *terrain pénéen*.

Quoique plusieurs auteurs aient placé dans cette catégorie le *terrain houiller*, ou *carbonifère*, nous le regarderons comme appartenant aux terrains de transition qui viennent immédiatement après, et sont au-dessus des terrains secondaires inférieurs. Ces différences dans la classification viennent de la difficulté qu'on éprouve à bien saisir où commencent les diverses formations que l'on rencontre dans l'examen des couches terrestres. Le terrain houiller est un de ceux dont les limites sont les plus difficiles à établir.

TERRAIN JURASSIQUE. — Le terrain que l'on a appelé *jurassique*, parce qu'il joue un rôle important dans la constitution géologique du Jura, est très répandu à la surface du globe. Il est principalement composé de *calcaire* compact et d'*oolithes*, qui sont ordinairement accompagnés de marnes argileuses.

Dans les pays de collines, les couches de ce terrain sont ordinairement horizontales, tandis que dans les pays de montagnes il y a plus ou moins d'inclinaison dans les couches. On voit aussi très souvent, dans les terrains jurassiques, des escarpements verticaux, et les cavernes y sont très fréquentes ; elles s'y trouvent dans les roches calcareuses, principalement dans la dolomie, qui est une des roches que l'on y rencontre aussi quelquefois. Un autre phénomène assez commun dans les terrains jurassiques, surtout dans les contrées montagneuses, est l'existence de sources si abondantes qu'elles donnent immédiatement naissance à des rivières. Telles sont : la fontaine de Vaucluse, les sources de l'Aach, etc.

Les terrains jurassiques, en France, supportent la grande formation crayeuse dans laquelle est creusé le bassin de Paris, et constituent autour d'elle une espèce de ceinture qui, fort étroite dans la Normandie, prend une grande extension dans la Bourgogne et la Lorraine. Ils forment presque à eux seuls la chaîne des montagnes du Jura, et se voient sur le versant occidental des Alpes , depuis le Dauphiné jusqu'à la Méditerranée.

Le terrain jurassique formant, comme nous l'avons déjà dit ailleurs, une partie assez importante de l'écorce du globe , on y a distingué un grand nombre de systèmes différents, que l'on a désignés par diverses dénominations. Nous parlerons seulement de la formation *liasique* et de la formation *oolithique*.

1° La *formation liasique* est une association de roches dont le type a été nommé lias par les géologistes anglais ; ces roches sont des calcaires compactes à *gryphites :* c'est là le caractère qui les fait distinguer des autres terrains jurassiques. On peut partager cette formation en trois étages : 1° les grès inférieurs du lias , qui sont quartzeux micacés , ordinairement blancs ou jaunâtres, contenant quelquefois des rognons argileux ou des silex roulés. Ce grès est solide et sert de pierre de construction. 2° Le calcaire lias à *gryphites*, qui est généralement marneux, grossier, blanc, bleuâtre ou grisâtre, pénétré de coquilles, parmi lesquelles domine la *gryphée arquée*. Aux environs d'Alais et d'Aubenas, le calcaire lias est luimême compacte, gris-noirâtre , fétide, et pénétré d'*entroques.* (*Fig.* 24.)

FIGURE 23.

Gryphée arquée.

3° L'étage marneux du lias est souvent le plus puissant. Ces marnes sont brunes , grises , bleuâtres, souvent schistoïdes, et empâtent des nodules calcaires. Sur plusieurs points, ce sont des marnes schisteuses , bitumineuses , fétides , et dans quel-

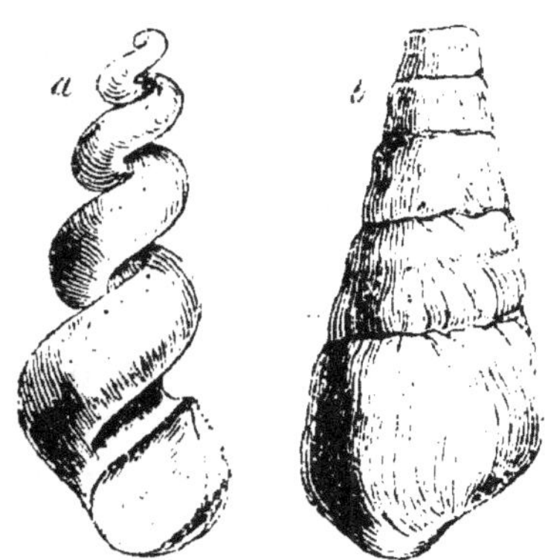

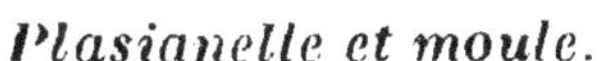

Plasianelle et moule.

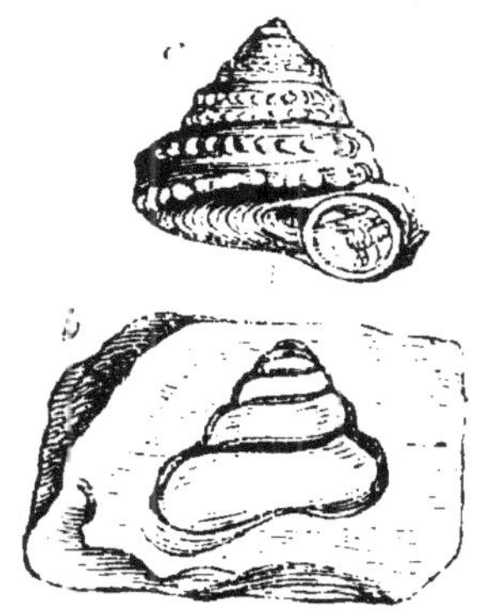

Entroques et moule.

ques autres elles renferment des couches d'un combustible analogue à la houille.

2° La *formation oolithique* renferme un groupe de calcaires bien remarquables , et en général facilement reconnaissables aux petits grains arrondis comme des œufs de poissons dont ils sont pétris , c'est pourquoi on les appelle *oolithiques*, d'*oon* , œuf, et de *lithos*, pierre. Ces calcaires sont quelquefois très blancs, comme la craie , quelquefois grisâtres , d'autres fois rouges ou jaunâtres , c'est lorsqu'ils contiennent beaucoup de fer. Les globules oolithiques sont tantôt extrêmement petits , au point d'être comparables à des grains de mil , et on les nomme *miliaires ;* quelquefois leur volume égale celui de la graine de chanvre , ou bien celui des pois ; quelquefois même il est plus considérable.

On distingue trois étages oolithiques. 1° L'étage

supérieur se compose d'une assise argileuse et d'une assise calcaire ; 2° l'étage moyen se divise aussi en deux assises de calcaire marneux et de schiste bitumineux ; l'assise argileuse est caractérisée par la *gryphée dilatée* (*fig.* 27) ; 3° l'étage inférieur renferme des sables jaunes, fins et micacés, puis des calcaires bruns, durs et tenaces, contenant du fer hydroxidé. Il y a aussi une couche argileuse appelée *terre à foulon*.

TERRAIN TRIASIQUE. — Sous le nom de terrain triasique on réunit plusieurs associations ou systèmes de roches qui ont été désignées par les noms de *keuper*, ou *marnes irrisées*, *muschelkak*, ou *terrain salifère*, *grès bigarré*, etc.

Ce groupe triasique, ainsi qu'on peut déjà en juger par les noms qui précèdent, est principalement composé de grès, de marne et de calcaire. On y trouve aussi du sel marin, du gypse, de la karsténite, de la dolomie, du lignite, et d'autres roches moins remarquables.

Le *keuper* ou étage *keuprique*, dont la puissance est d'environ trois cents mètres, est principalement formé par des marnes dont la couleur varie du rouge au brun, au violet, au bleuâtre, au gris, au verdâtre, au jaunâtre et au blanchâtre. Le nom de *marnes irisées*, par lequel on les désigne, leur vient de l'effet que produit cette variété de couleurs. Elles contiennent du carbonate magnésique.

Le *muschelkak* ou étage conchilien, désigne généralement un calcaire compacte, grisâtre, ordinairement très coquillé et magnésifère. Ce terrain, comme les marnes irisées, renferme des masses de sel, exploitées surtout en Lorraine (à Vic, à Dieuze), d'où lui vient aussi la dénomination de *salifère*.

Le *grès bigarré* est un grès quartzeux, à grains fins, solide, le plus souvent rouge-bleuâtre, ou verdâtre, quelquefois blanc, renfermant des paillettes de mica. Sa structure est souvent massive dans les parties inférieures, qui fournissent de très belles pierres de taille ; la partie moyenne est plus souvent en couches, que l'on exploite pour meules à aiguiser ; enfin, la partie supérieure est ordinairement composée de couches minces et fissiles qui fournissent des dalles, et sont même employées pour la couverture des maisons.

TERRAIN PÉNÉEN. — Ce terrain est situé au-dessous du grès bigarré ; mais il est très sujet à manquer. Il se compose principalement de roches calcaires compactes, de dolomie et de schistes bitumineux. Il repose sur des bancs puissants, formés principalement de débris de roches, et souvent très riches en métaux.

On divise ce terrain en trois formations : le *grès des Vosges*, composé de grains de quartz amorphes incolores et translucides ; le *zechstein*, ordinairement composé d'une série de couches calcaires et marneuses, de couleurs foncées, et dont l'épaisseur moyenne est de cent à cent cinquante mètres; le *grès rouge*, formation qui peut être considérée comme une seule assise arénacée, d'une puissance moyenne de cent à deux cents mètres, et composée d'alternances de conglomérats, brèches, poudingues, grès. Le grès des Vosges constitue le couronnement de ces montagnes, tandis que le grès rouge se montre à la partie inférieure, la formation du zechstein n'y existant point.

Toutes les roches du terrain secondaire inférieur abondent en fossiles, qui servent à distinguer, comme nous l'avons dit, les différentes formations qui le composent. Parmi le grand nombre de fossiles de la formation jurassique, on reconnaît des *reptiles*, des *poissons*, des *coquilles*, des *polypiers* et des *plantes*.

FIGURE 25.

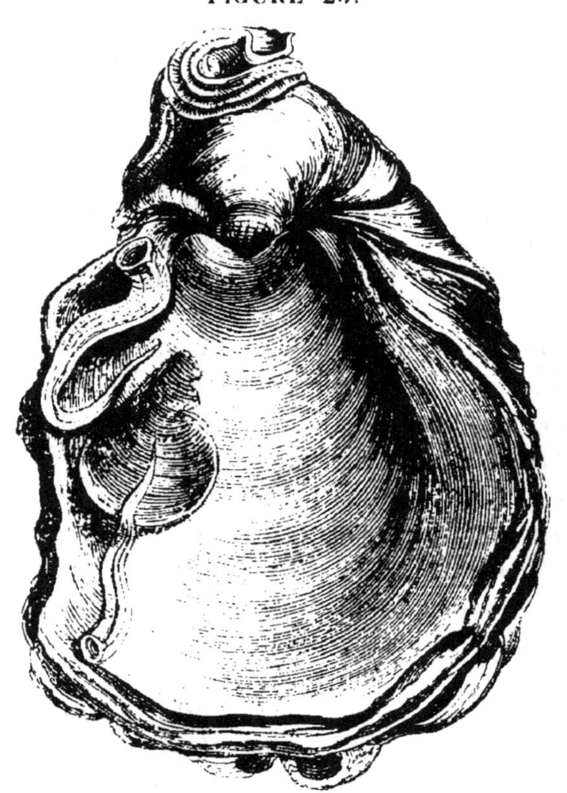

Gryphée fossile, couverte à l'extérieur et à l'intérieur de serpules fossiles.

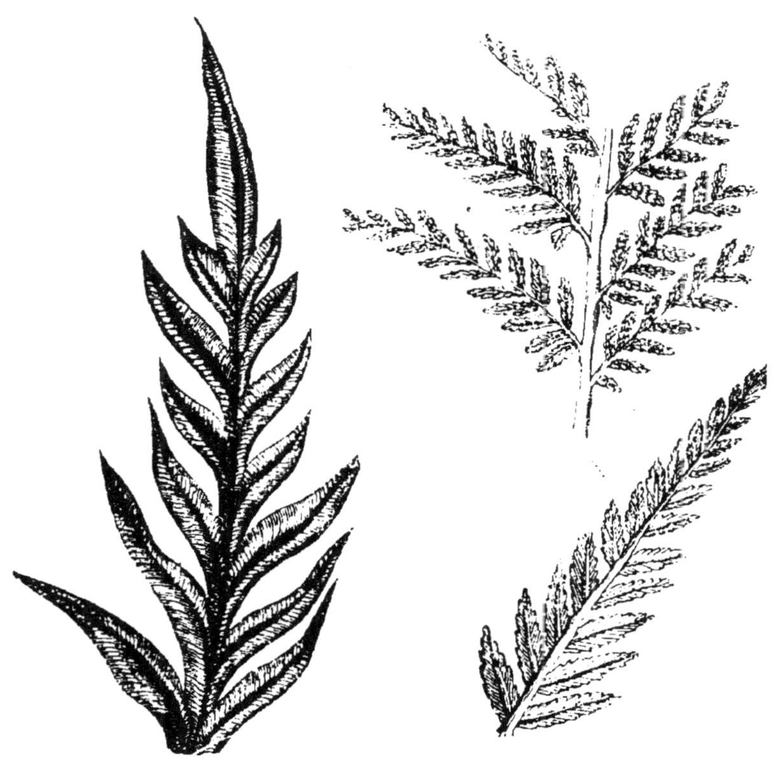

Plantes fossiles (fougères) des terrains jurassiques.

Les *reptiles* sont des espèces amphibies qui durent habiter le bord des mers, car ils n'auraient pu trouver ailleurs des animaux pour leur nourriture. Les *poissons* sont tous marins. Les *coquilles* sont également toutes marines ; il y en a un grand nombre d'espèces. Les plus ordinaires sont encore des bélemnites, des ammonites, déjà signalées précédemment, et des térébratules, *fig.* 22, coquilles à deux valves crochues, que l'on appelle dans beaucoup de lieux le coq et la poule. Parmi les zoophytes et les polypiers on trouve ordinairement de ces corps en forme d'étoile, que l'on appelle *encrines*, et qui sont tantôt isolés et tantôt rapprochés en grand nombre, comme des rouleaux de monnaie; on y trouve également des débris d'oursins, des coraux fossiles et autres polypiers. Enfin les *plantes* y sont assez abondantes, et, pour la plupart, elles ressemblent à nos grandes fougères et à nos arbres verts.

Les calcaires du lias sont très riches en fossiles, principalement en coquilles; la *gryphée arquée* (sorte d'huître courbée en forme d'arc), s'y trouve ordinairement et les caractérise. On y trouve les *bélemnites*, les *ammonites*, enfin les grosses coquilles bivalves, et notamment le *peigne équivalve*, qui ressemble au *peigne de Saint-Jacques* que portent les pèlerins. On n'y trouve plus de crocodiles, comme dans les terrains plus récents qui les recouvrent, mais seulement des *ichthyosaures* et des *plésiosaures*. (*Fig.* 28.)

Dans les terrains triasiques, on ne trouve guère de fossiles, si ce n'est des végétaux.

Le même terrain secondaire inférieur, quoique très compliqué dans sa composition géologique, offre encore peu de ressources à l'industrie. Néanmoins on y trouve fréquemment du gypse, et presque partout de la pierre à chaux. Il y a aussi des calcaires argileux propres à des *chaux hydrauliques*. Les marbres qui s'y rencontrent sont à couleurs simples et unies, tels sont le *nankin*, le *jaune antique*; des marbres à couleurs mélangées, souvent rougeâtres, et des marbres brèches très esti-

FIGURE 28.

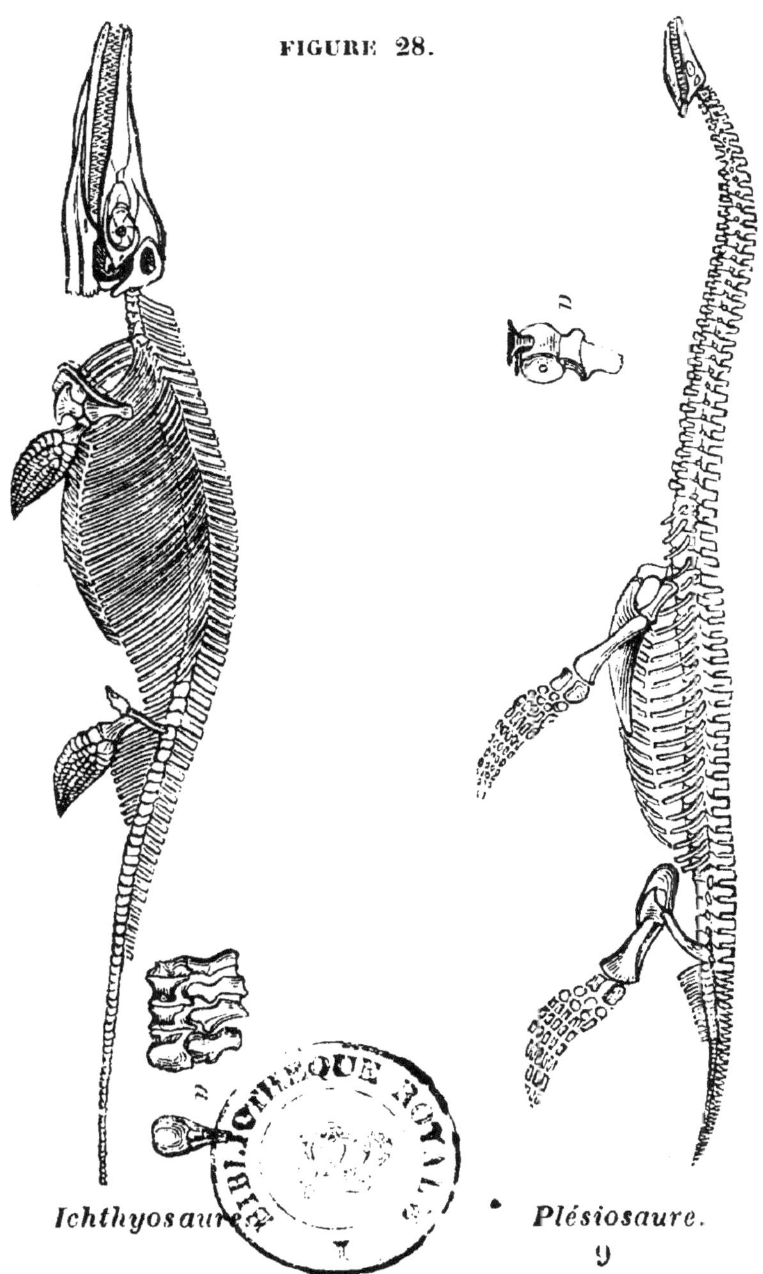

Ichthyosaure.   Plésiosaure.

més s'y trouvent quelquefois. Les marbres *luma-chelles*, caractérisés par les débris de coquillages dont ils semblent exclusivement formés, appartiennent, pour la plupart, aux divers étages de ce terrain. Il y a des lumachelles d'un grand prix, notamment celles d'Astracan, dans lesquelles les coquilles ont conservé les reflets de nacre les plus vifs.

Partout où ce terrain se montre à la surface du sol, on y voit de nombreuses carrières ouvertes, pour l'extraction de diverses qualités de pierre à bâtir, à paver, etc. Les calcaires blancs oolithiques sont particulièrement recherchés, et fournissent de belles pierres de taille.

C'est dans la formation jurassique que l'on exploite la *pierre à lithographie*. Tout calcaire compacte, à pâte très fine et de couleur peu prononcée, est plus ou moins propre à la lithographie. Or, comme c'est le caractère dominant des calcaires de ce terrain, il n'est pas étonnant que ce soit au milieu de ses couches que l'on découvre le plus souvent la meilleure pierre lithographique.

Nous avons vu que c'est encore à divers étages de ce terrain que l'on trouve les amas de *sel gemme* (sel en roche) les plus importants ; leur présence est ordinairement annoncée par des sources salées et par des couches de pierre à plâtre. Les *lignites* que l'on y découvre ressemblent quelquefois au charbon de terre des véritables terrains houillers. On les nomme, à cause de cela, *fausse houille*. Il faut qu'ils se présentent en couches de quelque épaisseur pour devoir être exploités avec avantage.

On rencontre, au milieu des calcaires de ces

terrains, des quantités notables de *soufre* et de *ba-ryte :* cette dernière substance se trouve également en filons dans les grès : elle est fort employée dans les arts chimiques. Ce terrain présente encore abondamment des mines de fer, mais généralement peu riches ; enfin on y rencontre des mines de *cuivre*, de *plomb*, de *zinc*, de *manganèse*, et même de *mercure ;* mais elles y sont rares, en quantité trop minime, et à la partie inférieure de ce terrain. Le sol où ce terrain se présente forme des plaines étendues, des coteaux élevés, ou de véritables montagnes plus ou moins fertiles. Les contrées où dominent les calcaires de lias sont ordinairement productives. Celles où les grès et les marnes prédominent, sont quelquefois moins fertiles, quoique susceptibles d'être facilement amendées. Il n'en est pas de même pour celles où règnent les terrains jurassiques, surtout lorsqu'ils forment des plaines étendues. On n'y rencontre alors ni ruisseaux, ni fontaines, pas même des eaux croupissantes : ce sont des déserts de pierre ; ces roches étant caverneuses et fendillées dans tous les sens, l'eau se perd dans les fissures. Cette eau étant ainsi furtivement soustraite à la surface du sol, où la végétation est dès lors impossible, établit son courant à des profondeurs variables sur les premières couches imperméables qu'elle rencontre, ce qu'attestent les sources abondantes qui surgissent au-dessus de ces couches, dans les vallées quelquefois creusées au milieu de ces tristes déserts. Ces vallées sont toujours fertiles, et leur état florissant contraste brusquement avec la stérilité du pays plat qui les entoure. Ces terrains jurassiques pourraient être le plus souvent fécondés par des puits *artésiens*. Partout où l'on voit des sources abondantes s'échapper d'entre leurs couches, on a la certitude qu'il existe des courants souterrains, et qu'ils ne sont qu'à de petites profondeurs; d'ailleurs, il n'en peut être autrement dans les contrées qui, sur une grande étendue, sont privées de sources et de ruisseaux.

TERRAINS DE TRANSITION.

Les terrains de transition ou intermédiaires paraissent ne plus renfermer d'autres corps organisés que des animaux aquatiques et des végétaux, dont les formes annoncent une nature excessivement différente de celle que nous voyons aujourd'hui. Une partie de ces terrains est même tout à fait privée de fossiles. On conçoit donc que, placés au-dessous de ceux qui renferment de nombreux fossiles, et au-dessus des terrains primitifs et autres, où l'on ne trouve aucune trace de vie, soit animale, soit végétale, ces terrains aient reçu le nom de terrain de transition. Ils sont plus généralement en couches inclinées, que ceux des trois ordres précédents, renferment beaucoup plus de filons proprement dits, et sont extrêmement importants pour l'industrie humaine, à cause de la quantité de métaux utiles et de combustibles qui s'y rencontrent.

Nous divisons ces terrains en quatre groupes, que nous désignons respectivement par les épithètes de *houiller*, *anthraxifère*, *ardoisier* et *talqueux*. La succession des premiers de ces groupes est assez bien établie, mais celle des derniers laisse encore beaucoup de doutes.

LE TERRAIN HOUILLER est principalement caractérisé par la richesse des couches de houille qu'il renferme, par la nature des végétaux fossiles qu'il recèle, par sa disposition en bassin, et par sa tendance à être composé de couches alternatives de psammites, de schistes argileux et de houille. Du reste, il ne faut pas perdre de vue que la houille n'est pas exclusivement concentrée dans ce terrain : il en existe au contraire déjà dans les groupes supérieurs, et ce combustible ne paraît pas être étranger aux groupes inférieurs.

Le terrain houiller donne rarement le caractère à une contrée étendue, parce qu'il est souvent resserré dans des espèces de vallées, ou recouvert par d'autres terrains ; mais dans les lieux où on peut le considérer comme étant à découvert, il constitue ordinairement de petites collines allongées présentant rarement des escarpements, et recouvertes par un terrain détritique argileux, naturellement peu favorable à la culture, finissant cependant par devenir très productif, parce que l'exploitation de la houille y fixe ordinairement une population nombreuse obligée de se créer des ressources alimentaires.

La composition du terrain houiller est assez simple ; c'est ordinairement des alternances de schistes, de grès, de brèches, de conglomérats, associés à des couches plus ou moins nombreuses de houille qui en sont la base principale. Ces roches passent, par des liaisons insensibles, à d'autres roches qui font partie intime mais non essentielle de sa composition. Les minéraux disséminés sont très rares dans le terrain houiller, et surtout dans les filons proprement dits. Les limites du terrain houiller sont très difficiles à établir, car il se lie avec le terrain pénéen de manière que la ligne de démarcation est presque impossible à tracer, et cependant la liaison est encore plus intime avec le terrain anthraxifère.

Un des caractères les plus remarquables du terrain houiller, c'est l'abondance des végétaux qu'il recèle ; aussi sa flore contient, à elle seule, beaucoup plus d'espèces que celle de tous les autres

FIGURE 29.

Fougère arborescente.

terrains réunis. Ces nombreuses espèces appartiennent aux classes des *cryptogames vasculaires*, et des *phanérogames monocotylédones*. Cette flore présente un caractère bien remarquable : ce sont les dimensions gigantesques qu'atteignaient plusieurs de ces végétaux qui appartiennent à des classes où, dans nos zônes tempérées, du moins on ne voit que des plantes herbacées, ordinairement basses et rampantes. (*Fig.* 29.)

Les débris d'animaux sont beaucoup plus rares dans le terrain houiller ; on y a cependant observé des restes de poissons, ainsi que des coquilles des genres goniatites, orthocère, bellérophe, évomphale, turritelle, lingule, térébratule, producte,

FIGURE 30.   FIGURE 31

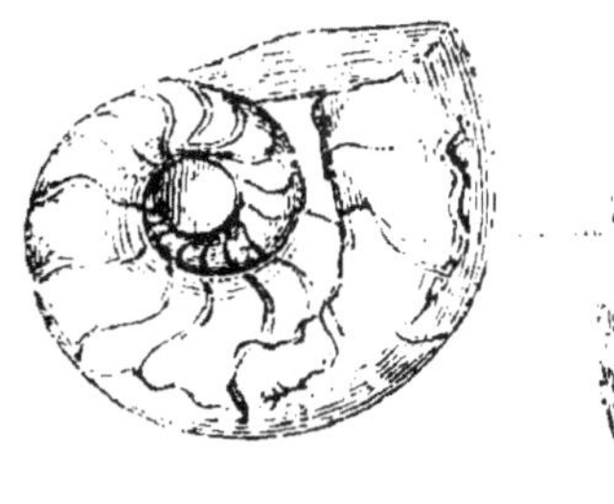

Sorte d'ammonite (goniatite).   *Bellerophon.*

FIGURE 32

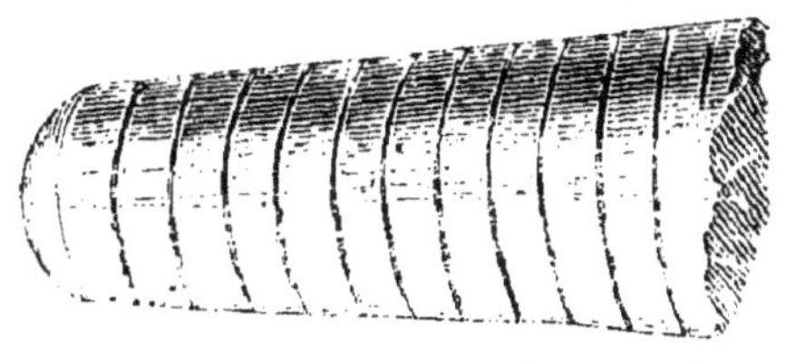

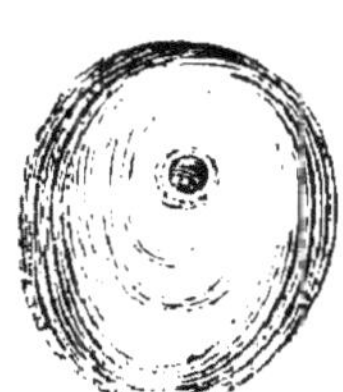

Orthocère.

pentamère, peigne, vulselle, moule, nucule, mulette, mye et saxicave.

FIGURE 33.

Turrilites costatus.

FIGURE 34.

FIGURE 35

Producte.

Le terrain houiller, bien que très fréquent, est cependant, comme nous l'avons dit, très peu étendu, parce qu'il affecte très souvent une disposition en petits bassins isolés et circonscrits qui rappellent très bien des lacs ou des marécages anciens, ce qui a donné lieu de penser que la houille a une origine végétale ; et maintenant il ne reste plus de doute à ce sujet, comme nous l'avons démontré. La France possède plus de soixante bassins houillers, qui ne constituent pourtant pas la vingtième partie de son territoire. Le plus remarquable est celui de Saint-Étienne, contenu dans un bassin de gneiss et de micaschistes, entre la Loire et le Rhône. La grande masse de ce terrain houiller est formée des débris du vase qui la contient, débris plus ou moins divisés, et déposés en couches qui alternent avec

FIGURE 36.

FIGURE 37.

1. *Schiste calcaire d'eau douce.* — 2. *Couche de boue et ancienne forêt.* — 3. *Pierre de Portland de formation marine.*

des couches de houille ; il fournit à peu près toutes les variétés de houille; ce sont : 1° la houille maréchale, d'un beau noir, très brillante, fragile, à structure laminaire, schisteuse ou grenue, éminemment collante au feu ; 2° la houille ordinaire, plus dure, homogène, à cassure brillante, moins fragile que la variété précédente ; c'est le charbon de

FIGURE 38.

Coupe montrant la position oblique et verticale d'arbres découverts dans le grès houiller, à St.-Etienne.

grille ; 3° la houille maigre, schisteuse, terreuse, sèche et impure.

Les schistes qui accompagnent la houille contiennent souvent des rognons ovoïdes de fer car-

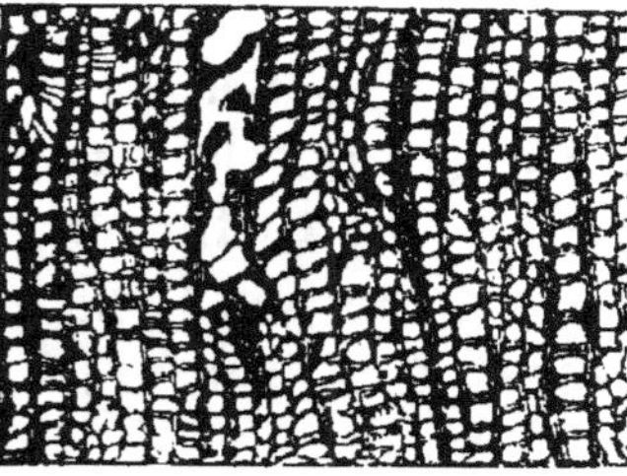

Texture grossière d'un arbre dans des couches houillères.

bonaté lithoïde, dit minerai des houillères; il donne lieu à des exploitations considérables.

Toute la partie orientale de l'Europe est dépourvue de terrain houiller, dont les gisements sont à peu près concentrés dans les Îles Britanniques, la France, la Belgique, où il est très développé, la Silésie, et quelques autres contrées de l'Allemagne septentrionale.

Il est peu de terrains dont les caractères soient aussi constants que ceux du terrain houiller ; ce sont toujours et partout les mêmes roches, les mêmes allures, les mêmes débris organiques.

TERRAIN ANTHRAXIFÈRE. — Le terrain que nous nommons anthraxifère est caractérisé par sa position au-dessous du terrain houiller, par l'abondance de l'anthracite qui lui a fait donner son nom. Il est principalement composé de calcaire, de psammites et de schistes. La première de ces roches est assez généralement colorée en bleu, en gris ou en noirâtre, par une matière charbonneuse, et elle est fréquemment traversée par de nombreuses veines de calcaire blanc cristallisé.

Le terrain anthraxifère présente souvent, même dans des pays peu élevés, une stratification fortement inclinée, quelquefois verticale, d'où résultent des escarpements et des rochers à pic. Il est très répandu à la surface de la terre, mais souvent il ne se montre qu'en lambeaux peu étendus.

On trouve des dépôts métallifères dans le terrain qui nous occupe, et le minerai qu'on en extrait fournit du fer d'une excellente qualité. Les fossiles du terrain anthraxifère, quoique en partie semblables à ceux du groupe précédent, en diffèrent, tant par la répartition des espèces, que par l'existence ou par l'abondance des êtres qui donnent, aux produits de la vie des temps les plus reculés, des formes si différentes de celles des temps modernes : telles sont les céphalaspèdes, les méga-lichtes, les trilobites, les orthocères, les gogniates, les évomphales, les bellérophons, les leptènes, les pentamères, les spirifères, les crinoïdes, les cyathophiles, les calamopores, etc.

FIGURE 40.

Trilobite.

TERRAIN ARDOISIER. — Le groupe auquel on donne le nom de terrain ardoisier se distingue difficilement des dépôts qui l'avoisinent. Les caractères qui servent à établir sa délimitation ne consistent guère que dans des circonstances qui sont de nature à varier selon les lieux. Ces caractères sont, pour ce qui concerne la distinction avec le terrain anthraxifère : la tendance des roches schisteuses à présenter de plus grands feuillets, à mieux résister aux influences météoriques, à passer à l'ardoise et aux roches talciques ; la tendance des roches quartzeuses à former des quartzites plutôt que des psammites, et la rareté des roches calcareuses ; pour ce qui concerne la distinction avec le terrain talqueux : l'absence des gneiss et des micaschistes, ainsi que la prédominance de l'ardoise sur le stéaschiste.

Les fossiles de ce terrain jusqu'à présent n'éclairent pas beaucoup la question, parce qu'ils appartiennent en général à des genres ou à des familles qui existent également dans le terrain anthraxifère, et sont d'ordinaire tellement identifiés avec la roche qui les renferme, que la détermination des espèces y est très difficile : ce sont des *trilobites*, des *orthocères*, des *spirifères*, des *leptènes*, des *crinoïdes*, des *polypiers*, des *calymènes*, des *hamiles*, des *asaphes*, etc.

Le terrain ardoisier est principalement composé de couches alternatives de roches schisteuses et quartzeuzes plus ou moins inclinées, très souvent verticales, et traversées par de nombreux filons ordinairement quartzeux.

Les roches schisteuses du terrain ardoisier appartiennent en général à l'ardoise ; leur couleur la plus ordinaire est le gris blanchâtre, qui passe souvent au verdâtre, au rougeâtre, au gris de cendre, etc., etc. ; mais, quelle que soit la couleur et même l'état d'altération de l'ardoise, elle se distingue du schiste argileux du terrain anthraxifère par sa cassure toujours schistoïde, sa tendance à se diviser en grands feuillets, parce qu'elle résiste beaucoup mieux aux influences météoriques, et que les résultats de sa décomposition sont d'une nature différente.

Les ardoises des Ardennes donnent de très bons matériaux pour couvrir les toits ; on les emploie aussi pour le carrelage, la bâtisse et autres usages.

Les roches quartzeuses du terrain ardoisier présentent plusieurs modifications; la plus abondante est le quartzite ; sa texture est souvent schistoïde ; d'autres fois la roche forme des couches massives très puissantes ; ses variétés noires ont quelquefois l'aspect extérieur des trapps.

Le calcaire n'est pas tout à fait étranger au terrain ardoisier, quoiqu'il y soit extrêmement rare.

Le terrain qui nous occupe peut se diviser en trois étages distincts : le supérieur, qui forme assez généralement la bordure du massif, et est caractérisé par l'abondance des roches quartzeuses : l'étage moyen, caractérisé par la présence d'ardoises proprement dites ; l'étage inférieur, qui ne forme que de petites bandes ou selles étroites et de petites taches isolées.

Quoiqu'il n'y ait pas de mines très importantes dans le terrain ardoisier, il renferme beaucoup de *gîtes métallifères*, principalement composés de matières à textures cristallines ou massives. Ils présentent plusieurs minerais. On y exploite le *minerai de plomb*, le *minerai de cuivre*, le *minerai d'antimoine*, le *minerai de manganèse*, et plusieurs espèces de *minerai de fer*.

TERRAIN TALQUEUX. — Ce groupe est désigné sous le nom de *terrain talqueux*, parce que la plus grande partie des roches qui le composent renferment du talc, de la stéatite ou du mica ; les systèmes qui sont réunis sous ce nom sont très différents les uns des autres, de sorte que la position du terrain talqueux et l'expression de ses caractères généraux sont encore plus difficiles à déterminer que celles des autres groupes des terrains de transition. On peut dire qu'il s'en distingue par l'abondance des roches talciques et micaciques, par la fréquence de la texture cristalline et la tendance de plusieurs de ses systèmes à se rapprocher du terrain granitique.

Nous perdons, dans ce terrain, un des guides principaux qui nous dirigeaient dans l'étude des groupes précédents : la nature des fossiles. Il n'est pas démontré qu'il en existe dans le terrain talqueux, ceux qu'on a cru pouvoir lui attribuer appartenant probablement aux terrains supérieurs.

Ce terrain est très répandu à la surface du globe : cependant les massifs où il se montre seul au jour sont rarement d'une grande étendue ; il constitue quelquefois des cimes très élevées, et paraît également dans des contrées très basses ; mais, en général, on ne le voit pas dans les grandes plaines, qui sont recouvertes par les terrains tertiaires. Le terrain talqueux n'est pas beaucoup plus favorable à la culture que le terrain ardoisier, et les lieux où il est au jour sont ordinairement peu fertiles, et souvent couverts de landes, de pâturages ou de forêts.

Les nombreuses roches qui composent ce groupe se rattachent à cinq systèmes principaux, selon que dominent le stéaschiste, le quartz, le calcaire, le micaschiste et le gneiss. Le premier est presque toujours le plus élevé, et ordinairement les plus inférieurs sont ceux qui se lient le plus fréquemment avec le terrain granitique.

Le terrain talqueux renferme une très grande quantité de minéraux disséminés. Parmi les plus

abondants, on cite le grenat, la tourmaline, l'épi-
dote, le disthène, le zircon. Mais ce terrain est
surtout remarquable par ses nombreux gîtes métallifères; les uns sont en filons, les autres en amas
couchés. Ils sont peut-être plus communs encore
dans le micaschiste et le gneiss que dans les autres
systèmes : tel est le cas des mines d'argent, d'é-
tain, de cobalt, qui se trouvent en Suède et en
Allemagne, ainsi que de quelques mines de cuivre,
de plomb, de fer, etc. C'est aussi au terrain talqueux que paraissent appartenir les gîtes les plus
riches d'or et d'argent de l'Amérique.

TERRAINS STRATIFIÉS PRIMITIFS.

Tous les terrains dont nous avons parlé jusqu'ici
se lient ensemble d'une manière intime ; mais ils
se distinguent facilement des terrains qui vont nous
occuper à présent, par la présence de traces d'ê-
tres organisés. C'est là la seule véritable différence
qui puisse guider, pour ainsi dire, d'une manière
certaine.

Il est bien vrai que ces terrains que l'on a appelés roches stratifiées non-fossilifères, et auxquels
nous avons laissé le nom de terrains stratifiés primitifs ou primordiaux, présentent toujours une
texture qui indique qu'ils ont été formés par voie
de cristallisation et non de sédiment, ce qui est un
caractère bien distinctif à l'égard de tous les précédents ; mais, nous le répétons, la seule différence
sûre à établir avec certains terrains que nous venons de décrire, consiste, pour les terrains primitifs, dans l'absence de corps organisés et dans

leur position inférieure à toute couche fossilifère.

Jusqu'à présent on n'est point encore parvenu au-dessous de la plupart de ces roches, et elles forment, avec certains terrains plutoniens, la base de la portion connue de l'écorce du globe. Nous sommes autorisés à conclure de leur position au-dessous de tous les autres terrains stratifiés, que ces terrains primitifs ont préexisté à la formation de ceux qui ont été décrits précédemment.

Cette classe comprend le micaschiste, le quartz en roche, et le gneiss. Ces roches nous sont par-

FIGURE 41.

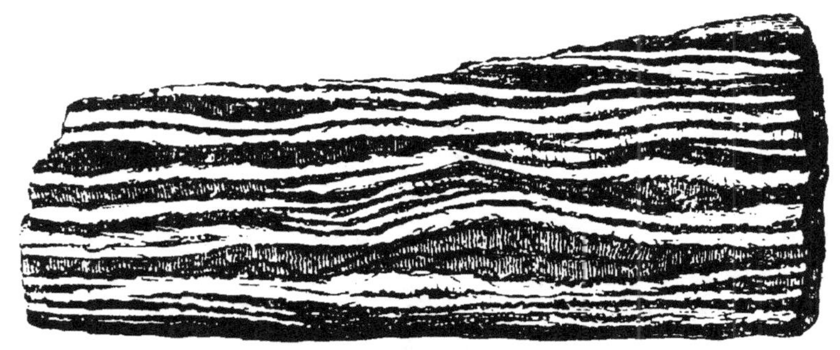

Gneiss.

faitement connues ; de leurs combinaisons différentes se forment les divers systèmes du terrain qui nous occupe. Leur mélange n'offre rien de spécialement curieux. Le gneiss mérite d'arrêter notre attention. Nous avons déjà dit que cette roche est la plus ancienne de toutes les stratifiées, et les montagnes qui en sont formées sont plus élevées que celles des autres roches de la même division.

10.

Le gneiss se lie si intimement avec le granite, qui va venir après ce groupe, que la ligne de démarcation entre les dépôts où domine l'une ou l'autre de ces roches est ordinairement très difficile à établir, d'autant plus que leurs caractères distinctifs sont peu appréciables et presque sans valeur. Ainsi, la stratification du gneiss est souvent difficile à saisir, puisque c'est une roche schistoïde, et la structure non stratifiée du granite s'aperçoit à grand'peine dans les parties extérieures de ses massifs, qui sont quelquefois tellement traversées par des fissures, qu'elles paraissent stratifiées ou même feuilletées. Le granite et le gneiss se traver-

FIGURE 42.

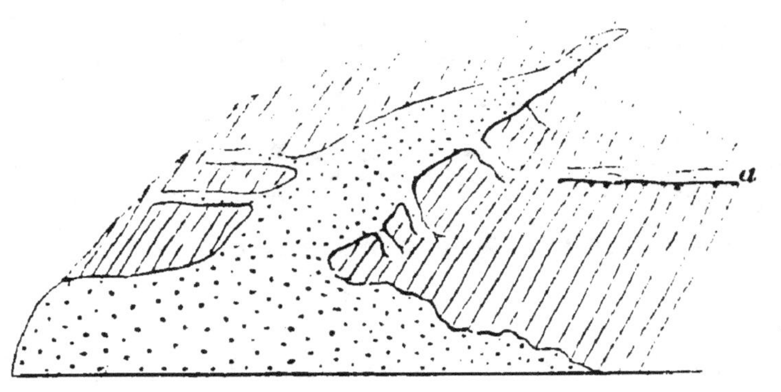

Veines de granite traversant le gneiss.

sent même en plusieurs points, soit par masses, soit par des espèces de veines.

Une grande partie des Alpes appartient à ces terrains primitifs que l'on rencontre aussi dans les Cévennes et les Pyrénées ; ils se voient dans une grande étendue de la Bretagne. Les minéraux qui y sont disséminés et les gîtes métallifères sont, à peu de chose près, les mêmes que pour le terrain talqueux.

2ᵉ CLASSE. — TERRAINS PLUTONIENS.

Les terrains plutoniens sont assez généralement composés de roches feldspathiques, albitiques, amphiboliques, pyroxéniques et talciques, à texture cristalline. Ils forment ordinairement des typhons, des culots, des dykes et des coulées.

Nous allons donner, en peu de mots, l'explication de ces termes.

1° On dit que les minéraux sont des *cristaux*, ou sont *cristallisés*, ou ont la *texture cristalline*, lorsqu'ils offrent des formes régulières, et qui sont naturellement couvertes de facettes, comme les pierres taillées par un lapidaire. Ces formes des minéraux se retrouvent jusque dans leurs molé-cules intégrantes, et sur ces caractères on a fondé une classification fort exacte, mais qui exige des connaissances géométriques.

2° On nomme *typhons* les parties de l'écorce du globe qui présentent une épaisseur considérable sans être divisées par des joints de stratification (1).

3° Les *coulées* sont ordinairement des dépôts superficiels, qui ont pour caractère principal de présenter la forme d'un torrent qui se serait subi-tement solidifié.

---

(1) La dénomination de typhon est due à D'Omalius; nous extrairons de son ouvrage ce qui sera dit sur les terrains plu-toniens.

4° Les *dykes* se composent ordinairement d'une masse pierreuse uniforme, et se présentent souvent comme des espèces de murs qui se prolongent au milieu de roches de matière différente. Il paraît qu'en général leur épaisseur augmente à mesure que l'on descend, et leur profondeur est inconnue. *Fig*. 45 *et* 46.

5° Les *filons coniques*, que l'on nomme aussi *culots*, diffèrent des *dykes*, en ce que leur forme, au lieu de donner l'idée d'un mur, approche plus ou moins d'un cône.

Les terrains dont nous allons nous occuper ne recèlent point de corps organisés, sauf quelques bien rares exceptions pour des fragments de roches, dont la classification présente même des doutes.

Ces terrains sont moins étendus à la surface de la terre que les terrains neptuniens ; mais il paraît qu'ils se prolongent sous ces derniers, d'où l'on suppose, comme nous l'avons déjà dit plusieurs fois, qu'ils composent toute la partie inférieure de l'écorce du globe.

On a établi deux ordres qui se rapportent à deux époques successives de formation, et qui sont désignés par les noms de *terrains agalysiens* et de *terrains pyroïdes*, parce que les premiers ont en général la texture cristalline, et que les autres ont souvent de la ressemblance avec les matières minérales qui ont été fondues dans nos fourneaux.

PREMIER ORDRE.

TERRAINS AGALYSIENS. — Les terrains agalysiens (*discous*) se distinguent par leur tendance à former de grandes masses non stratifiées, qui se trouvent généralement en-dessous des terrains neptuniens, ou à constituer des culots et des dykes, qui s'intercalent dans les terrains neptuniens, surtout dans ceux des groupes inférieurs, avec lesquels les terrains agalysiens se lient souvent d'une manière très intime. Nous les diviserons en deux groupes :

PREMIER GROUPE. — TERRAIN GRANITIQUE. — Le terrain granitique est principalement caractérisé par la prédominance du granite et de la texture granitoïde, ainsi que par sa disposition en masses non stratifiées, ou typhons.

Il est très répandu à la surface du globe, et forme quelquefois des massifs considérables ; d'au-

FIGURE 43.

Masse de granite.

tres fois, il compose de petites bandes au milieu des terrains de transition, ou bien il ne se montre que dans quelques lieux isolés, où la continuité des terrains secondaires qui le recouvraient est interrompue.

Les pays granitiques présentent, en général, de

petites montagnes à croupes arrondies ; les vallées y sont cependant quelquefois très profondes, et bordées d'escarpements.

Ces contrées sont en général peu propres à la culture, et, lorsque les roches granitiques n'y sont pas recouvertes de dépôts d'autre nature, elles ont beaucoup de tendance à se refuser à la production du froment et à celle de la vigne.

La composition du terrain granitique est beaucoup plus simple et beaucoup moins variable que celle des autres groupes que nous avons examinés. Il est presque exclusivement composé de granite ; cependant, indépendamment de la roche granitoïde, composée de feldspath, de quartz et de mica, on y trouve encore de la pegmatite, de la protogine, de la syénite, du leptynite, du diorite, du porphyre, etc., et même du kaolin et autres altérations de ces substances.

FIGURE 44.

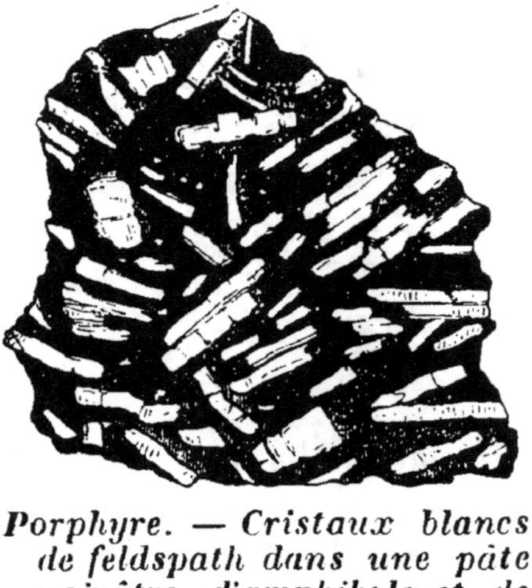

Les liaisons du terrain granitique avec les autres dépôts qui le précèdent ou qui le suivent, rendent ses limites très difficiles à établir. Nous avons déjà fait remarquer ses rapports avec le système du gneiss et des roches de divers terrains supérieurs ;

Porphyre. — Cristaux blancs de feldspath dans une pâte noirâtre d'amphibole et de feldspath.

mais il a avec le terrain porphyrique des ressem-

blances de composition ou des intercalations alternatives de masses, et de plus, une pénétration dans
les mêmes masses; car on voit très souvent des
masses de granite qui sont traversées par des filons,
des veines ou des noyaux de matières qui ressemblent à celles qui dominent dans le terrain porphyrique et qui se lient de la manière la plus intime
avec le granite. D'un autre côté, il y a aussi des
filons granitiques qui traversent d'autres terrains.

Quoique dans le terrain granitique on ait remarqué que les parties qui sont au jour, et surtout celles qui forment les sommets des plateaux,
peuvent êtres friables ou même meubles, on voit
la roche devenir plus cohérente à mesure que l'on
s'enfonce. Il est même de la nature des roches granitiques d'être d'une solidité remarquable, surtout
si elles sont prises dans des lieux convenables. On
voit, à Rome, un obélisque fait en Egypte, il y a
plus de trois mille ans, et qui depuis lors est exposé aux injures du temps, sans avoir éprouvé
d'altération sensible. Cet exemple suffit pour faire
sentir les avantages que les arts peuvent retirer
de l'emploi des roches granitiques, d'autant plus
que leur structure massive permet d'y tailler des
morceaux dont le volume n'a d'autres limites que
celles des forces que l'industrie humaine peut employer pour les mettre en mouvement.

Le terrain granitique renferme beaucoup de minéraux particuliers, qui s'y trouvent soit disséminés, soit en veines dans les roches. Ces minéraux
y sont cependant en moins grande quantité que
dans le terrain talqueux. Les métaux surtout y
sont beaucoup plus rares, et s'y présentent en

veines ou petits filons, souvent intimement liés avec les roches ; ils sont quelquefois très bien réglés, mais ordinairement peu puissants. Les métaux les plus communs dans le granite sont : le titane, l'étain, l'urane, l'arsenic, le molybdène, le scheelin ; tandis que l'or, le cuivre et les pyrites y sont très rares ou peut-être ne s'y trouvent pas.

SECOND GROUPE. — TERRAIN PORPHYRIQUE. — Les principaux caractères du terrain porphyrique, sont l'abondance des roches porphyroïdes et sa tendance à prendre la forme de dykes et de culots qui traversent d'autres dépôts.

Le terrain porphyrique est très commun dans la nature ; mais il recouvre rarement, du moins en Europe, des contrées étendues ; le plus souvent, il forme des dykes et des culots plus ou moins puissants, ou de petits massifs qui semblent se trouver de préférence dans le voisinage ou dans l'intérieur des massifs granitiques.

Les contrées porphyriques ont, en général, beaucoup de ressemblance avec les contrées granitiques, et pour les élévations coniques et les croupes arrondies qu'elles présentent ordinairement, et par leur peu de fertilité. Il en est même qui sont remarquables par leur aspect de désolation.

Les liaisons du terrain porphyrique ont lieu non seulement avec le terrain granitique, mais aussi avec tous les terrains de transition et la plupart des terrains ammonéens ; mais l'interposition se fait bien plus souvent par des dykes et des culots, que par de véritables couches.

Certaines parties du terrain porphyrique paraissent très riches en gîtes métallifères ; on peut considérer plusieurs mines d'or et d'argent de l'Amérique, comme lui appartenant, de même que la plupart des gîtes de ces métaux en Hongrie. On pense aussi que beaucoup de pierres précieuses que l'on trouve dans les terrains détritique, alluvien et diluvien, proviennent de la décomposition du terrain porphyrique.

Ce terrain peut être divisé en trois systèmes particuliers, que l'on désignera par les noms de rouge ou quartzifère, de vert ou ophiolitique, et de noir ou pyroxénique.

Le terrain porphyrique rouge est principalement composé de porphyre rouge quartzifère ; il se lie si intimement avec le terrain granitique qu'on ne peut tirer la ligne de démarcation ; aussi, il est très rare que l'on voie une de ces roches sans rencontrer l'autre.

Le terrain porphyrique rouge se trouve aussi intercalé dans tous les terrains de transition et les terrains ammonéens ; c'est toutefois, après le granite, avec le terrain pénéen que sa liaison paraît la plus intime.

Parmi les contrées où le terrain qui nous occupe se trouve abondamment et très bien caractérisé, nous citerons le versant oriental du plateau central de la France, et notamment les environs de Roanne.

Le terrain porphyrique vert est principalement caractérisé par la présence des *ophiolites* ; son gisement a beaucoup de rapport avec celui du porphyre quartzifère ; mais il forme plus rarement des culots, et plus souvent des dykes, et atteint quelquefois les terrains tertiaires. Les ophiolites paraissent, en général, ne traverser le terrain granitique que d'une manière tout à fait mécanique ; au contraire, ils se lient si intimement avec les systèmes du micaschiste et du calcaire talqueux, que la plupart de leurs roches pourraient être envisagées comme des schistes, des quartz et des calcaires plus ou moins imprégnés de l'élément principal des ophiolites, c'est-à-dire, de combinaisons à bases de magnésie.

Le terrain prophyrique noir ressemble tellement au terrain porphyrique rouge, qu'on ne peut, pour ainsi dire, exprimer ses caractères distinctifs ; cependant ceux sur lesquels on a le plus appuyé, sont : l'absence des grains de **quartz**, la présence des roches pyroxéniques, et notamment du mélaphyre ; la tendance à prendre des teintes noires ou grisâtres, à prendre la **structure** porphyroïde, et à se lier, ou du moins à ressembler au terrain basaltique. Les roches les mieux caractérisées et les plus communes du terrain porphyrique noir, peuvent être désignées par les noms de porphyre, de spilite et de trapp. Le spilite renferme un grand nombre de noyaux en grains plus ou moins ronds de calcaire cristallisé blanc, ordinairement couverts d'une enveloppe de chlorite verdâtre. On y trouve aussi, en forme de noyaux ou de rognons, de belles agates et de magnifiques géodes qui font l'ornement des cabinets de minéralogie, et où l'on voit briller l'onix, le jaspe, l'améthyste, le cristal de roche, le calcaire cristallisé, l'harmotome, la chabasie et autres substances rares. Le terrain porphyrique noir renferme plusieurs gîtes des métaux les plus importants : ceux de mercure, ordinairement à l'état de cinabre, et le plus sûrement encore ceux de manganèse.

DEUXIÈME ORDRE.

TERRAINS PYROÏDES. — Quoique les terrains pyroïdes renferment encore beaucoup de parties cristallines, les textures massives et celluleuses y sont plus abondantes que dans les terrains agalysiens ; ils nous rappellent souvent les matières pierreuses qui ont été fondues dans nos fourneaux ; nous les voyons principalement sous la forme de culots, de dykes et de coulées qui ne s'étendent pas beaucoup à la surface de la terre, mais qui s'enchevêtrent plus ou moins dans tous les autres terrains, sans exception, et qui paraissent se prolonger jusque dans les parties les plus inférieures de l'écorce solide du globe. D'autres fois, ils forment dans le voisinage de ces dykes et de ces coulées, des amas plus ou moins épais, mais généralement peu étendus.

Ces terrains se divisent en trois groupes, qui tirent leurs caractères distinctifs de la prédominance des basaltes, des trachytes et des laves. Leur position relative est fort difficile à déterminer, du moins en ce qui regarde les deux premiers, qui sont probablement parallèles.

Premier groupe. — Terrain basaltique. — Ce terrain est principalement composé de basalte, accompagné quelquefois d'autres roches pyroxéniques, telles que de la dolérite, de la péperine, etc.

Il forme ordinairement des culots ou élévations coniques qui percent au milieu des autres terrains, et qui sont composés d'un assemblage de prismes de basalte ; il se trouve aussi en dykes, en couches, en amas ou en coulées.

FIGURE 45.

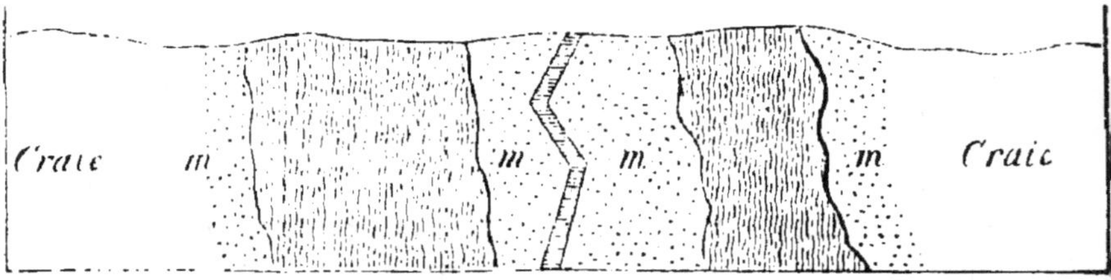

Dykes basaltiques traversant la craie.

Le terrain basaltique recouvre rarement une grande étendue à lui seul, mais il est presque toujours intercalé dans les autres terrains en masses plus ou moins puissantes. Les couches et les amas forment souvent le sommet des plateaux, terminés par des flancs escarpés. Ces couches et ces amas tiennent quelquefois à un culot dont elles composent le sommet, de sorte que l'ensemble de la masse ressemble à un champignon dont le culot serait le pied et l'amas superficiel le chapeau. Mais les dépôts basaltiques se font surtout remarquer par leur tendance à se subdiviser en prismes réguliers ; et leurs escarpements formés d'innombrables colonnes rangées symétriquement les unes à côté des autres, produisent quelquefois des effets qui, tout en donnant l'idée de monuments d'architecture, surpassent en magnificence tous les travaux des hommes.

Les dykes basaltiques sont souvent désignés par le nom de *chaussée des géants*, parce que le basalte, plus résistant que les roches environnantes, se présente comme des espèces de murs ou de chaussées.

Le terrain basaltique peut être divisé en deux systèmes : celui des roches massives et cristallines, et celui des roches conglomérées et meubles.

Les premières sont les plus abondantes et composent ordinairement les culots et les dykes. Le basalte qui, comme nous l'avons dit, en est la roche principale, est communément divisé en prismes : mais il forme aussi des masses d'une étendue considérable, entièrement cohérente : d'autres fois, il se divise en tables ou feuillets assez minces pour

FIGURE 46.

Dyke situé dans une vallée de l'intérieur de Madère.

que l'on puisse l'employer à couvrir les maisons.

11.

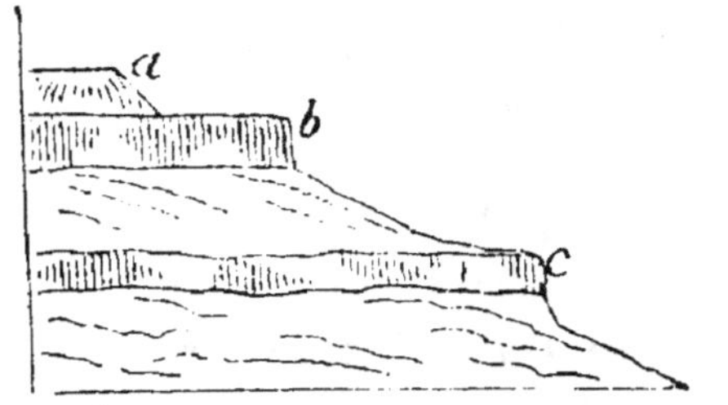

FIGURE 47.

Distribution du trapp par degrés.

Le basalte renferme ordinairement des cristaux de diverses substances, surtout le péridot minéral, que l'on a souvent considéré comme caractérisant le terrain basaltique, et comme donnant un moyen de le distinguer des terrains porphyriques, trachytiques et volcaniques.

Les roches meubles et conglomérées du terrain basaltique forment ordinairement des couches ou des amas superficiels autour des collines basaltiques, et sont rarement en dykes ; elles se composent principalement de péperine, qui paraît n'être qu'un basalte altéré, de vake, et de fragments de basalte, soit libres, soit conglomérés à la manière des brèches. Ces derniers affectent toutes sortes de formes, et notamment celle de boules. Ils ont souvent une texture celluleuse, et ressemblent à des scories de fourneaux, d'où leur est venu le nom de basalte scoriacé.

Le terrain basaltique se trouve en relation avec presque tous les terrains qui composent l'écorce du globe, principalement avec le terrain granitique, le terrain ardoisier et le terrain anthraxifère. On a souvent remarqué que les roches qui l'avoisinent diffèrent de leur état habituel, et ont même une autre nature que celle que la même masse présente à une distance plus éloignée.

Deuxième groupe. — *Terrain trachytique.* —

Le terrain trachytique est caractérisé principalement par l'éclat vitreux d'une partie des roches qui le composent, et par sa tendance à former des montagnes coniques. Il est souvent très difficile de le distinguer des terrains volcaniques, basaltiques et porphyriques, auxquels il se lie intimement. Il paraît être moins disséminé dans les autres groupes, que le terrain basaltique; mais il forme ordinairement des massifs de montagnes coniques. dont les cimes atteignent quelquefois une hauteur très considérable, comme le Chimboraço, qui passait pour la plus haute montagne du globe, avant que l'on connût l'élévation des monts Himalaya. Indépendamment de leur aspect vitreux, la plupart des roches trachytiques sont remarquables par une âpreté au toucher qui est l'origine du nom que porte l'espèce principale. Ces roches ont beaucoup de tendance à prendre la texture porphyroïde, et renferment souvent des cristaux de diverse nature, surtout de feldspath vitreux, qui prennent quelquefois de très grandes dimensions. Quelquefois ces roches ont tellement la structure granitoïde. qu'on en a désigné sous le nom de *granites* et de *laves granitoïdes*. Il y en a, telles que les belles obsidiennes, appelées *miroir des Incas*, qui sont tout à fait compactes. On a divisé, comme celles du terrain basaltique, les roches trachytiques en roches cristallines et massives, et en roches conglomérées et meubles. Les premières forment ordinairement des masses non stratifiées, et composent presque toujours des montagnes coniques, tandis que les secondes forment des couches ou des amas au pied de ces montagnes.

La présence ou l'absence des dépôts métallifères, dans le terrain trachytique, est encore un fait douteux. On considère cependant assez communément quelques mines d'or, d'argent et de mercure, de la Hongrie et du Mexique, comme formant des filons et des amas dans ce terrain.

L'indépendance qu'affecte ordinairement le terrain trachytique, est cause que ses relations avec les autres s'aperçoivent rarement, et qu'on ne peut rien dire de bien positif à cet égard.

Troisième groupe. — Terrain volcanique. — Le terrain volcanique, qui ordinairement se trouve dans le voisinage des terrains trachytiques et basaltiques, a tant de ressemblance avec ceux-ci, qu'il est souvent très difficile de les distinguer. Cette distinction doit se faire plutôt par un ensemble de circonstances que par des caractères positifs. On ne peut même indiquer d'autre caractère exclusif que la liaison ou l'intercalation avec des terrains modernes. On peut dire aussi que la présence d'un *cratère*, c'est-à-dire d'un enfoncement en forme de bassin au sommet d'une élévation conique, et la tendance des roches massives à prendre la forme de coulées, sont des circonstances assez générales dans les dépôts volcaniques, tandis qu'elles se rencontrent moins souvent dans les terrains trachytiques et basaltiques.

Les massifs volcaniques ont, en général, moins d'étendue que ceux de ces derniers terrains, et, quoiqu'ils soient ordinairement disposés par groupes et par chaînes, la continuation du terrain volcanique y est presque toujours interceptée, surtout par des dépôts basaltiques et trachytiques. Ainsi

que ces deux terrains, ils forment souvent des
élévations coniques qui atteignent quelquefois une
très grande hauteur, mais qui alors ont pour base
des dépôts trachytiques ou basaltiques. D'autres
fois le terrain volcanique ne constitue que de petites éminences.

Les roches dont nous nous occupons se divisent
encore en roches massives et cristallines, et roches
meubles et conglomérées.

FIGURE 48.

*Portion de la chaine des monts Dôme, composée
de volcans éteints. Auvergne.*

Les premières, que l'on désigne sous le nom
de *laves*, ont, assez généralement, la forme de
coulées, qui, le plus souvent, partent d'un point
quelconque d'une élévation conique, et s'étendent
plus ou moins loin en suivant la pente du sol. Ces
roches se trouvent aussi en fragments de diverses
grosseurs. Elles ont ordinairement une structure
celluleuse, et renferment quelquefois une si grande
quantité de cristaux, qu'elles prennent la texture
porphyroïde ou granitoïde. Parmi les cristaux, on
distingue le labradorite, l'albite, le pyroxène et

d'autres minéraux particuliers , dont plusieurs n'ont été observés que dans ces roches. Du reste, la connaissance minéralogique des laves est encore fort peu avancée.

Les roches conglomérées et meubles forment des amas superficiels et des couches régulières ; elles composent le plus communément la majeure partie des élévations coniques surmontées par les cratères et d'où partent les coulées de laves. Ces élévations forment souvent comme une espèce de centre, d'où la puissance du terrain volcanique va toujours en diminuant ; aussi , quand les dépôts volcaniques s'étendent à une certaine distance de ces élévations, ils ne forment ordinairement que des couches très minces. On remarque aussi que le volume des fragments qui composent ces dépôts va toujours en diminuant à partir de ces centres. Les dépôts qui en sont éloignés ne présentent généralement que des masses terreuses ou arénacées , appelées vulgairement *cendres volcaniques ;* tandis que , dans le voisinage des cratères , on voit une grande quantité de fragments d'un volume très considérable , qui ont communément la structure celluleuse des scories de nos fourneaux.

On donne, dans l'Amérique méridionale, le nom de *moya* à un dépôt de ce genre, qui contient une assez grande quantité de charbon pour que les habitants du pays l'emploient comme combustible.

Outre les minéraux ou les roches qui se trouvent empâtés , dans le terrain volcanique, sous la forme de cristaux et de fragments , on en voit aussi assez souvent qui s'y trouvent disposés d'une manière analogue aux sublimations qui se font dans les cheminées de nos fourneaux, par exemple, du soufre, du sel marin, etc., etc.

Le terrain volcanique traverse et recouvre tous les terrains neptuniens; mais il en est tout à fait indépendant, et ne se lie avec aucun, sauf que ses roches conglomérées et meubles se lient avec les terrains modernes.

Les environs du Vésuve forment une des contrées volcaniques qui ont le plus attiré l'attention des observateurs.

Le Vésuve proprement dit est une élévation conique, haute de 1185 mètres, dont le pied est comme enclavé par une demi-ceinture nommée *la Somma*, ressemblant à une section de cône tronqué, un peu moins élevée que le Vésuve, dont elle est séparée par une espèce de vallée en demi-cercle. Ces montagnes sont situées dans la partie méridionale de la plaine de Campanie, qui s'étend au pied de la chaîne des Apennins, le long de la mer, et sur laquelle s'élève en outre un groupe de collines nommées les *champs phlégréens*, dont plusieurs ont la forme de cônes tronqués, creusés à leurs sommets par des enfoncements plus ou moins circulaires.

Les roches volcaniques ont leur utilité pour bâtir; il en est même qui se laissent tailler avec ornements, comme on peut s'en convaincre en visitant les belles églises d'Auvergne. Une de ces roches, à Volvic, est devenue l'objet d'une grande exploitation pour les trottoirs des rues de Paris.

Parmi les roches volcaniques, les pouzzolanes s'emploient avec avantage pour faire, avec de la chaux grasse, les meilleurs ciments hydrauliques

DES VOLCANS.

On entend par phénomène volcanique l'ensemble des circonstances qui amènent à la surface extérieure de la croûte solide du globe des dépôts connus sous le nom de terrains volcaniques. Un volcan se compose d'une certaine quantité de ces matières, et de l'orifice plus ou moins ramifié par où elles sortent.

Le principal phénomène des volcans consiste dans l'éjaculation, soit dans l'air, soit dans l'eau, des matières qui proviennent de l'intérieur, et il est désigné par le nom d'éruption. Ce phénomène est ordinairement accompagné de beaucoup d'autres circonstances, telles que tremblements, mouvements dans le sol, soulèvements ou affaissements, dégagement de chaleur et de lumière, manifestation de bruits souterrains, et phénomènes météorologiques.

Les matières rejetées par les volcans arrivent au jour à l'état gazeux, liquide ou solide. A l'état de gaz, elles prennent le nom de fumée, et sont principalement composées de vapeur aqueuse et de gaz plus ou moins abondants.

Les matières liquides sont principalement à l'état de fluidité ignée, et en se refroidissant elles deviennent ces roches connues sous le nom de *lares*. Elles s'échappent surtout sous la forme de coulées, mais elles sont quelquefois lancées sous celles de boules ou de grains.

Les volcans rejettent aussi des matières à l'état de fluidité aqueuse. Cependant l'eau et la boue qui coulent sur leurs flancs, lors des éruptions, ne viennent point toujours de l'intérieur; il paraît qu'elles sont le résultat des phénomènes météorologiques extérieurs, ou de la fonte des neiges produite par le développement de la chaleur. Néanmoins il existe de véritables éruptions boueuses, telle est celle qui, en 1797, ensevelit le village de Pélileo, près de Rio Bamba, sous une masse de boue noirâtre ou *moya*. C'est ainsi que le 19 juin 1698, lorsque le pic de Carguairazo s'affaissa, tout le pays environnant fut couvert d'une boue argileuse qui renfermait de petits poissons; et qu'en 1691, le volcan presque éteint d'Imbaburu vomit une si grande quantité de ces poissons qu'on attribua les fièvres putrides qui régnaient à cette époque, aux miasmes exhalés par ces animaux.

Les cendres qui s'élèvent des volcans forment quelquefois des nuages si épais, que des contrées entières sont plongées en plein jour dans la plus profonde obscurité, et on assure qu'on a vu de ces cendres transportées à plus de cinquante myriamètres du lieu de l'éruption.

Des élévations plus ou moins considérables se forment de diverses manières par les phénomènes volcaniques.

On sent que les matières lancées dans l'air ou dans l'eau doivent, en retombant à peu près sur elles-mêmes, former une élévation conique, sur l'axe de laquelle la continuation de l'éruption entretient une espèce de bouche par laquelle le volcan vomit les matières qu'il rejette. Les flancs de la montagne n'offrent pas toujours une résistance suffisante pour que les matières liquides, poussées de bas en haut, s'élèvent jusqu'au sommet ; alors ces flancs s'entr'ouvrent et laissent échapper des coulées plus ou moins abondantes : c'est ce qui a ordinairement lieu dans les grands volcans, où il est très rare que les laves sortent par le cratère.

D'autres fois les élévations se forment d'une manière à peu près instantanée. C'est ainsi que le 29 septembre 1538, pendant un tremblement de terre, on a vu s'élever dans les champs phlégréens le Monte-Nuovo, haute colline de forme allongée. C'est encore ainsi qu'au Malpays, près du volcan de Jorullo, au Mexique, une surface de près de sept kilomètres carrés a été soulevée comme une vessie, et sur ce terrain soulevé il est sorti, en septembre 1759, des milliers de petits cônes de roches pyroxéniques. Dans la partie occidentale de l'île de Banda, située dans l'Archipel des Moluques, il se trouvait une baie, qui a été remplacée en 1820 par un promontoire, composé de blocs d'une énorme grosseur. Ce phénomène s'effectua d'une manière si tranquille, que les habitants ne s'en aperçurent que quand il fut presque terminé ; il ne s'était manifesté que par un fort bouillonnement et une chaleur extraordinaire de l'eau de la mer.

On est porté à voir dans ces faits le résultat d'un soulèvement occasionné par des matières qui, poussées de bas en haut, comme celles des éruptions, n'auront pu se faire jour, ainsi que ces dernières, et auront en conséquence soulevé la masse sous laquelle ces matières faisaient leur effort.

Si, d'un côté, les phénomènes volcaniques font sortir de terre des montagnes entières, d'autres fois ces phénomènes en font disparaître, et l'on voit des parties de sol s'affaisser, et surtout des cônes volcaniques s'écrouler avec un fracas épouvantable. C'est ainsi qu'en 1772, le volcan de Popadayan, dans l'île de Java, s'est enfoncé avec quarante villages bâtis sur ses flancs, et a été remplacé par un lac de plusieurs kilomètres de diamètre. On pourrait aussi citer parmi ces affaissements, la disparition de petites îles qui n'ont qu'une existence éphémère : ainsi l'île Sabrina, dans les Açores, qui a paru en 1811 ; l'île Julia, ou Nerita, au sud de la Sicile, qui a paru en 1831, etc.

Les *volcans* ne sont pas toujours en *activité* ; ils ont, au contraire, des interruptions plus ou moins longues. On désigne par le nom de *volcans éteints*, ceux dont aucun souvenir ne rappelle l'état d'éruption, et qui cependant ressemblent par leurs caractères aux volcans en activité (*fig.* 48). Ces derniers sont beaucoup moins abondants que les volcans éteints ; le plus souvent ils se trouvent au milieu d'un groupe de ceux-ci, et semblent en être les restes ; il s'ensuit que les phénomènes volcaniques ont eu beaucoup plus d'intensité qu'ils n'en ont à présent. On ne peut point cependant assurer qu'un volcan considéré comme éteint ne se remettra plus en activité, à cause des intermittences plus ou moins longues qui existent entre les éruptions des volcans. Plus les interruptions sont considérables, plus les éruptions sont violentes. Ainsi la plus violente de toutes les éruptions connues du Vésuve est celle de 79, qui détruisit les villes de Pompéia, Herculanum et Stabia, et qui a eu lieu à une époque où l'on n'avait aucun souvenir d'éruptions précédentes, quoique l'existence antérieure de la Somma, et la nature des matériaux qui ont servi à bâtir ces villes, prouvent que d'abondantes éjaculations de roches pyroïdes avaient déjà eu lieu dans cette contrée.

C'est en Amérique que se trouvent les volcans les plus remarquables par l'élévation des montagnes qu'ils ont formées, et l'intensité de leurs éruptions.

On remarque principalement en Europe, l'Etna, le Vésuve et le Stromboli, dans le royaume des Deux-Siciles ; en Afrique, les volcans des îles Canaries et de l'île de Bourbon ; et en Asie, ceux du Kamtschatka et des îles de la Sonde. Dans l'Océanie, les volcans en activité sont très abondants. En résumé, on compte 205 volcans brûlants, 107 dans les îles, et 98 sur les continents, mais généralement à de petites distances des mers.

On a beaucoup cherché à se rendre raison des phénomènes produits par les volcans, mais les causes diverses qu'on en a apportées ne sont encore que des hypothèses plus ou moins hasardées. Ainsi, on a expliqué les phénomènes volcaniques, soit par des incendies souterrains produits par l'inflammation des matières combustibles renfermées dans la terre, soit par le contact de l'eau avec les métaux non oxidés, d'où résulteraient des dissolutions de matières et des développements de gaz et de vapeurs qui, cherchant à se répandre dans l'atmosphère, ébranleraient et soulèveraient l'écorce du globe, poussant et entraînant d'autres matières avec eux ; soit, enfin, par le système de la chaleur centrale, qui paraît aujourd'hui une chose démontrée.

Les tremblements de terre accompagnent souvent les éruptions volcaniques, de sorte qu'on est porté à croire qu'il existe beaucoup de rapports entre ces deux phénomènes, et cependant les tremblements de terre les plus mémorables de l'Amérique, qui ont ruiné les villes de Rio-Bamba, Caracas, etc., et ont coûté la vie à plus de cent mille personnes, n'ont coïncidé avec aucune éruption volcanique bien constatée.

Les tremblements de terre se prolongent sous les eaux de la mer : nécessairement, quand la croûte solide sur laquelle reposent les eaux est agitée, celles-ci participent au mouvement ; aussi les navigateurs ressentent-ils quelquefois en mer des secousses qui leur font croire que leurs vaisseaux ont touché ; mais c'est surtout sur les côtes que ces mouvements sont sensibles : on voit la mer s'agiter, s'éloigner de terre, y revenir avec violence et submerger des populations entières.

La cause des tremblements de terre n'est pas connue d'une manière plus positive que celle des volcans ; il est probable que ces phénomènes, qui ont si souvent de grandes relations entre eux, doivent être attribués aux mêmes causes non encore bien constatées (1).

(1) D'Omalius.

La Providence, qui a le secret de ses œuvres, sait détourner les effets produits par les causes secondaires, avant que la dévastation vienne couvrir la demeure de l'homme, objet de sa prédilection.

DES SOURCES

ET DES PUITS ARTÉSIENS.

Les arrangements de l'écorce terrestre, qui ont pour but la distribution de l'eau, offrent des phénomènes remarquables ; ils sont dans un rapport si exact avec les besoins qu'ils doivent satisfaire, qu'ils offrent de vives et nouvelles preuves de l'existence d'un plan général, en relation avec les créatures organisées qui vivent à sa surface. Les moyens par lesquels la partie émergée de la surface du globe, reçoit continuellement l'eau nécessaire à l'entretien des animaux et des végétaux, forment un des mécanismes les plus beaux de notre globe terrestre.

L'atmosphère est le grand conduit existant entre la surface de la mer et celle de la terre, par le moyen duquel s'effectue un transport continuel de l'eau douce extraite d'un océan d'eau salée par voie d'évaporation. En vertu de ce procédé, l'eau remonte sans cesse sous forme de vapeur, et redescend sous celle de rosée et de pluie.

De cette eau qui arrose ainsi la surface du globe , une petite portion seulement retourne directement à la mer, *aux époques des inondations* , en suivant le cours des rivières. Une seconde portion est absorbée sous forme de vapeur par l'atmosphère. Une troisième entre dans la composition des corps organisés, animaux et végétaux. Une quatrième pénètre dans les couches, et s'accumule dans leurs interstices pour y former des réservoirs et des nappes d'eau souterraines ; et ce sont ces amas d'eau qui , en allant se déverser graduellement à la surface de la terre sous la forme de sources perpétuelles , constituent l'*alimentation ordinaire* des rivières.

La disposition des couches offre deux circonstances qui influent beaucoup sur la réunion des eaux souterraines, en grandes masses qui se déversent ensuite régulièrement au dehors, sous forme de sources.

C'est à l'alternance des lits poreux avec les lits imperméables , si commune dans l'ensemble de la série des roches stratifiées, qu'est dû le système universel de réservoirs naturels.

Ces couches sont traversées par les *failles* ou fractures qui facilitent encore l'épanchement des eaux au dehors et multiplient les points par où il a lieu.

Ces dispositions d'une sagesse ingénieuse , multiplient, presque à l'infini, le conduits d'eau qui viennent arroser la surface du globe , et offrent toute facilité pour la création des puits artificiels partout où ils peuvent être utiles.

On a donné le nom de *puits artésiens* à des fontaines artificielles coulant sans interruption. et que l'on obtient en forant un conduit étroit à travers des couches dépourvues d'eau jusqu'aux couches plus basses qui contiennent des nappes souterraines. Soulevée par une pression hydrostatique, l'eau de ces dernières s'élève dans le conduit, et parvient ainsi jusqu'à la surface. Ces puits tirent leur nom de la province d'Artois, où, depuis longtemps, on employait de semblables moyens pour obtenir de l'eau.

Ces puits sont de la plus haute importance dans certains pays bas et plats où l'eau ne peut être obtenue ni de sources superficielles, ni de puits ordinaires d'une profondeur modérée, et même pour mettre des machines en mouvement : les quantités d'eau que l'on obtient sont souvent assez puissantes pour faire tourner des moulins à blé.

Dans le bassin tertiaire de Perpignan, et dans la craie de Tours, les eaux forment des sortes de rivières souterraines qui y exercent de bas en haut d'énormes pressions. Il existe dans le Roussillon un puits artésien dont l'eau s'élève de trente à cinquante pieds au-dessus de la surface. A Perpignan et à Tours, la force ascensionnelle de l'eau est telle, qu'un boulet de canon jeté dans le conduit d'un puits artésien, en est violemment rejeté par la force du courant.

On a tiré parti, dans quelques localités, de la température élevée que possèdent les eaux provenant de grandes profondeurs. L'eau des puits artésiens a été employée, par exemple, à prévenir pendant l'hiver la formation de la glace autour des roues motrices des moulins. N'oublions pas dans les résultats de la part accordée aux failles et aux dislo-

cations des couches dans ces arrangements ingé-
nieux, que c'est le plus souvent par les fissures
que les eaux *minérales* et *thermales*, qui ont des
propriétés si précieuses, sont amenées à la surface.
Les puits artésiens sont d'un grand usage en Hollande, en Chine, et dans l'Amérique du Nord.

CONCLUSION.

La nature même des substances minérales, l'harmonie originelle qui se montre dans les rapports
des éléments matériels et dans les fonctions diverses
qu'ils remplissent, les arrangements merveilleux
et pleins d'ordre qu'offrent, à la surface du globe,
tous les matériaux élémentaires, sous les rapports
de dimensions, de poids et de nombre, voilà des
témoignages éclatants de l'existence d'un plan qui
a présidé au premier travail de la création.

Nous avons vu les roches primordiales comme
ayant été probablement dans un état de fusion uni-
verselle incompatible avec l'existence de la vie sous
aucune forme. A mesure que la température de la
croûte du globe s'est graduellement abaissée, les
roches cristallines non stratifiées, et les roches stratifiées formées par les débris des premières, ont été
diversement modifiées et mises en place, pendant
des périodes de temps immenses, par des forces
physiques de la même nature que celles dont l'action se continue encore de nos jours, mais avec
une énergie beaucoup moins grande ; ce travail a
eu pour résultat de faire de notre planète un lieu

d'habitation pour diverses races d'animaux et de végétaux, et enfin de la convertir en une demeure commode et agréable pour l'espèce humaine.

Nous avons dû conclure de la présence des fossiles dans les terrains tertiaires et autres, que les races d'animaux et de végétaux qui se sont suivies ou remplacées sur la surface de la terre et dans les eaux de la mer, avant la création de notre propre espèce, durant de longues séries de siècles et à des époques séparées par des intervalles de temps considérables, et qui ont toujours présenté le retour systématique de plans analogues, et cependant avec des combinaisons de mécanismes multipliés presque à l'infini, étaient autant de preuves que notre monde est un tout immense et plein d'ensemble, prenant son origine dans la volonté et dans la puissance d'un seul et même Créateur.

Enfin, la position des métaux a dû nous frapper vivement, lorsque nous les avons trouvés disposés de telle façon qu'ils sont mis à l'abri de la prodigalité de l'imprévoyance, et qu'ils exercent en même temps au plus haut degré le génie de l'homme, d'abord par la difficulté de les découvrir, puis par la nécessité où il se trouve de vaincre les obstacles dont leur recherche est environnée. C'est une véritable source de bienfaits qui se continuent perpétuellement pour la créature privilégiée du maître de l'univers.

FIN.

TABLE DES MATIÈRES.

FIN DE LA TABLE.